少年科普热点

善待家园

SHANDAI JIAYUAN

中国科学技术协会青少年科技中心 组织编写

科学普及出版社

·北京·

组 织 编 写　中国科学技术协会青少年
　　　　　　　科技中心
丛 书 主 编　明　德
丛书编写组　王　俊　魏小卫　陈　科
　　　　　　　周智高　罗　曼　薛东阳
　　　　　　　徐　凯　赵晨峰　郑军平
　　　　　　　李　升　王文钢　王　刚
　　　　　　　汪富亮　李永富　张继清
　　　　　　　任旭刚　王云立　韩宝燕
　　　　　　　陈　均　邱　鹏　李洪毅
　　　　　　　刘晨光　农华西　邵显斌
　　　　　　　王　飞　杨　城　于保政
　　　　　　　谢　刚　买乌拉江

策划编辑　肖　叶
责任编辑　胡　萍　郭　佳
封面设计　同　同
责任校对　林　华
责任印制　李晓霖

目录

第一篇
我们的地球，
我们的家园

广袤的苍穹，浩瀚的星空，在广阔无际的宇宙中，有一颗不断旋转的星球，它就是我们赖以生存的家园——地球。在地球 5.1 亿平方千米的表面积中，陆地和岛屿只占29.2%，其余的都是浩瀚的海洋，因此从太空鸟瞰地球，它呈蔚蓝色，壮观而美丽。

地球是目前我们已知的宇宙中唯一有生命的星球，它孕育并生活着众多的宇宙精灵，有 150 多万种动物、40 多万种植物。各类生物相互影响，生物与环境相互作用，形成了生物圈。人类也在生物圈内繁衍生息，发展了灿烂的文明。而今地球这艘"生命之船"在太阳系中也已经航行了 46 亿年。它储存了纯净的水，仿佛母亲的乳汁哺育着人类；它孕育出清新的空气、温暖的阳光，就像母亲的双手，呵护着亿万生灵；它造就出森林、湖泊、高山和海洋，它为人类建立了一座美丽的家园。同样地，人类也一直憧憬着美好的未来，用聪明和富有创造性的劳动，开发和改造着大自然，建设着自己的家园。人类只有一个地球，地球是我们共同的家园。和地球交个朋友吧！当你对它了解得多了，你才能真正感觉到它的美。

地球上的资源主要有哪些？

　　人类的生活一天也离不开地球母亲提供的资源。观察一下我们自己从早到晚的活动，从起床、早餐、上学、工作、做饭、洗衣、看电视、看书、睡觉，等等，我们都在不断地使用水、各种能源、农产品和工业品。人们生活生产中的这些用品、工具都是由地球资源加工做成的，在加工这些工具和用品的时候，也需要耗用大量的能源和淡水资源。

　　人类的发展强烈地依赖着地球资源，一旦大自然停止了原料的供给，我们将会彻底失去生存的条件。有人说："糟蹋地球资源实际上是在毁灭自己的生存基础"，这句话可谓一针见血。那么，地球上的资源主要有哪些？它们对于人们的生活有什么重要的意义？让我们来了解一下吧。

　　地球资源指的是地球能提供给人类衣、食、住、行、医所需要的物质原料，也称为自然资源。陆地上重要的自然资源有六种，它们是：淡水、森林、土地、生物种

亚马孙河流域拥有丰富的淡水和物种资源

类、矿山和化石燃料（煤炭、石油和天然气）。

地球上的这些自然资源又可分为"可再生"与"不可再生"两大类。可再生的自然资源指的是在太阳光的作用下，可以不断自我再生的物质。最典型的可再生资源有植物、生物质能、太阳能、风能等。地球上不可再生的自然资源主要有石油、煤炭、天然气和其他所有矿产资源。它们经过上亿年才得以形成，因此不可再生，人类的消耗使得这类资源越来越少。

在可再生资源中，植物资源与人们的生活息息相关。地球上的植物约40万种，人类已经命名了其中的近25万种。有3000种植物被人类作为农作物试种过，然而只有300种被试种成功，其中100种用于大规模耕种，给人类提供食物、油料、棉花、蔗糖等重要生存物质。目前，全世界人类的主要粮食绝大部分来自于8种植物：小麦、稻米、玉米、大麦、燕麦、高粱、小米和黑麦。每年全球粮食的总产量为15亿～16亿吨。如果全球都停止生产粮食，世界的存粮大约只能维持全人类生存40天。

地球上的不可再生资源对人类的生产生活也是异常重要的。目前，全世界使用的能源有90%是从化石燃料中提取的，它们就是煤炭、石油和天然气。化石燃料都是经历了漫长的地质时间才得以形成的，不可再生。

值得注意的是，地球上的生物物种也是

从探明的储量分析，现在地球上的石油、天然气和煤炭的总储量分别为：石油1万亿桶；天然气120万亿立方米；煤炭1万亿吨。按照目前全世界对化石燃料的消耗速度计算，这些能源可供人类使用的时间还有：石油45～50年；天然气50～60年；煤炭200～220年。

宝贵的不可再生自然资源。任何一种生物的灭绝意味着地球永久性地失去了一个物种独特而珍贵的基因库。因此，如果是由人类活动造成的物种灭绝，其损失将无法估量。

中国是一个资源大国，有土地、淡水、

油田采油是人类获取化石资源的手段之一

飞禽走兽是地球上的重要资源

森林、矿产、海洋、内陆水产和动植物等多种。但由于我国人口众多，使自然资源的人均占有量都在世界平均值以下，典型的几项数据有：淡水资源为世界人均的 1/4，森林资源为 1/9，耕地资源为 1/5（为美国的1/10），45 种主要矿产资源为 1/2。因此，我们不应该总是津津乐道于地大物博。按人均分配，我国是一个资源相对匮乏的国家，对

保护资源、合理利用资源是人类的重要责任

于我们来说，保护资源、合理利用资源显得更为重要。

地球上的资源主要有哪些？它们对于人们的生活有什么样的重要意义？

小问题

为什么说臭氧层是地球生命的保护伞？

地球上一切生命所需的能量都来自太阳。但如果太阳光不受任何阻挡直接照到地球上，地球上的生物将会毁灭殆尽。为什么呢？太阳辐射的紫外线对生物具有极强的杀伤力。幸运的是，在地球的大气层中包含着一层薄薄的臭氧层，它就像过滤器和保护伞，能够阻止太阳光中99%的有害紫外线，有效地保护地球上生物的生存，使地球成为

大气与我们的生活密切相关

臭氧层保护着地球

人类可爱的家园。

　　但是，目前全球臭氧层遭受到严重的破坏，臭氧含量在不断地减少，越是高纬度地区越明显，两极上空则是臭氧层遭受破坏的集中反映。南极上空出现了迄今最大的臭氧层空洞，其面积达到 2830 万平方千米，超出我国领土面积两倍以上，相当于美国领土面积的 3 倍。

　　大家都知道，南极是一个非常寒冷的地区，终年被冰雪覆盖，四周环绕着海洋。20世纪 80 年代以来，人们发现南极上空的臭氧变得越来越稀薄，而且每到春天，南极上空的臭氧层都会发生急剧的大规模耗损。目前，极地上空臭氧层的中心地带，近95％的臭氧已被破坏。从地面向上观测，高空的臭氧层已极其稀薄，与周围相比像是形成了一个"洞"，直径上千千米，"臭氧空洞"就是因此而得名的。为什么会出现臭氧空洞呢？专家们认为，这主要是人类大量使用氟利昂引起的恶果。

氟利昂是由人造化学物质，在制作冰箱、空调时被使用。它对人体无害。20世纪30年代杜邦公司发明这种物质时，曾被誉为是"20世纪最大的发现"。然而，几十年后，人们却发现它在太阳紫外线的强烈辐射

臭　氧

顾名思义，臭氧有股不好闻的特殊味道。它是19世纪40年代被科学家发现并命名的。臭氧与我们熟知的氧气是"亲兄弟"，只是臭氧分子由三个氧原子构成，而氧气分子由两个氧原子构成。

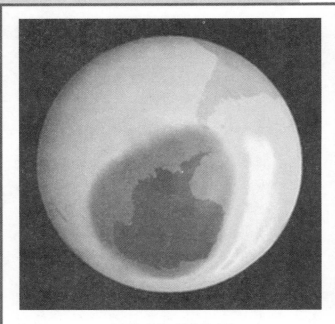

南极上空的"臭氧空洞"

下，分子会被分解，释放出氯原子。正是这个氯原子喜欢同臭氧分子发生反应，把臭氧分子中的 1 个氧原子夺过来。这样一来，臭氧就变成了普通的氧气。更可气的是，一般一个氯原子可以吃掉 10 万个臭氧分子。所以，地球上空的臭氧层越来越薄了，臭氧空洞也越来越大了。

臭氧层中臭氧含量的减少等于在我们的头顶上开了天窗，大量紫外线照射进来。科学家认为，大气层中的臭氧含量每减少 1%，地面受太阳紫外线的辐射量就增加 2%，人类患皮肤癌者就会增加 5% ~ 7%。臭氧的减少还会损害人的免疫系统，使患呼吸道疾病的人增多，白内障的发病率将上升 0.6% ~ 0.8%。紫外线的增加，还会引起海洋浮游生物及虾、蟹幼体和贝类的大量死亡，进而影响食物链，造成某些物种灭绝。

即使人类从今天开始停止使用臭氧杀手——氟利昂，氟利昂对臭氧的破坏作用也不能在短时间内消除。因为，从 20 世纪 30 年代初到 2010 年的七八十年中，人类总

过量的紫外线也会危害人类健康

共生产了 2000 多万吨氟利昂。它们将在今后几十年内逐渐上升到平流层，继续破坏臭氧层。面对如此严峻的形势，传说中的女娲娘娘还会出来替人类补天吗？人类应该做些什么才能弥补自己的过失呢？目前唯一的"补天术"就是减少和停止使用含氟利昂的产品。面对已经闯进来的紫外线，我们首先要做好保护自己的工作，比如夏天出门时要戴上遮阳帽、墨镜等来保护我们的面部皮肤和眼睛。

为什么说氟利昂是臭氧层的杀手呢？你认为女娲还会为人类补天吗？

小问题

你知道水的重要作用吗？

　　水是地球上分布最广的物质之一，是环境的一个重要组成部分。地球表面的71%被海洋所覆盖，如果将海洋中所有的水均匀地

瀑布是一种淡水资源，也蕴含着巨大的能量

有山有水有灵气

铺盖在地球表面，地球表面就会形成一个厚度约 3000 米的水圈。所以有人说地球的名字应该叫"水球"。

从地球上生命的起源到人类社会的形成，从生产力低下的原始社会到科学技术发达的现代社会，人与水结下了不解之缘。水既是我们生存的基本条件，又是社会生产必不可少的物质资源。没有水，就没有人类社会的今天。

水与空气、食物是人类生命和健康的三大要素。人体重量的 50% ~ 60% 由水组成，儿童体内的水分更高达 80%。可以说，没有水就没有生命。但地球上的淡水资源只占地球水资源总量的 2.5%，在这 2.5% 的淡水中，可供直接饮用的只有地球总水量的 0.26%。

所以说，水是人类的宝贵资源，是生命之泉。

水与生命的产生密切相关。大约在40亿年前，由于地质运动的持续作用，原始地球逐渐形成了原始海洋。科学家认为，在早期的原始海洋中，蛋白质和核酸等有机物，与水浑然一体；经过亿万年的发展和聚合，形成了"团聚体"的多分子体系，与水分隔开来；独立出来的多分子体，从环境中吸收物质，扩充和改造自己，同时排出"废物"，使自己的化学组织部分不断自我更新，这样生命就宣告诞生了。因此，人们总是说：海洋是生命的摇篮，生命来源于水。

随着生物的进化，人类出现了，人类社会发展到今天，更是一刻也离不开水。

地球上水的总量约为14亿立方千米，其中淡水只占总水量的2.5%，且主要分布在南北两极的冰雪中。目前人类可以直接利用的只有地下淡水、湖泊淡水和河水，三者总和约占地球总水量的0.77%，除去不能开采的深层地下水，人类实际能够利用的水只占地球上总水量的0.26%左右。

水是工业生产的血液。它参与工矿企业生产的一系列重要环节，在制造、加工、冷却、净化、空调、洗涤等方面发挥着重要的作用。例如，在钢铁厂，靠水降温保证生产；钢锭轧制成钢材，要用水冷却；锅炉里更是离不了水。制造 1 吨钢，大约需用 25 吨水。水在造纸厂是纸浆原料的疏解剂、稀释剂、洗涤剂、运输介质和药物的溶剂，制造 1 吨纸需用 450 吨水。火力发电厂冷却用水量巨大，同时，也要消耗部分水。

水是农业生产的命根子。农业作物含有大量的水，约占它们自重的 80%，蔬菜含水 90% ~ 95%，水生植物竟含水 98% 以上。水参与着几乎所有的生命功能，它为植物输送养分；参加光合作用，制造有机物。通过蒸

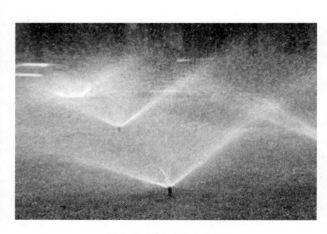

绿色的草坪要靠水浇灌

水是人类的生命之源

发水分，植物保持自身稳定的温度，不致被太阳灼伤。植物浑身是水，而作物一生都在消耗水。科学家计算过，1千克玉米是用368千克水浇灌出来的；同样的，1千克小麦需要513千克水，1千克棉花需要648千克水，1千克水稻竟高达1000千克水。一籽下地，万粒归仓，农业的大丰收，水才是最大的功臣。

水的重要作用有哪些？你打算如何在日常生活中节约用水？

小问题

森林为什么能够成为大自然的"总调度室"？

我们都知道，森林能够产出木材、果实、油料、药材等林产品。然而，却很少有人知道，森林还有巨大的生态价值，而且森林的生态价值常常大过林产品价值的几倍到十几倍。

森　林

巴西亚马孙热带雨林

森林是地球的肺，它吸进去的是二氧化碳，吐出来的却是氧气。森林的储水能力非常强，郁郁葱葱的森林就像块巨大的吸收雨水的海绵，它的根把从天而降的雨水送到地下，使之变为地下水，一片森林就是一个蓄水库，所以森林有"看不见水的水库"之称。森林还可以防风固沙，是防止荒漠化的一个重要的手段。由于森林在保护环境和气候资源中起着举足轻重的作用，所以被称为"大自然的总调度室"。

森林不但可以吸收大量二氧化碳，降低温室效应，还能制造氧气。通常一公顷阔叶林一天可以消耗 1000 千克的二氧化碳，释放 730 千克的氧气。而且，森林能够吸收空气中的粉尘、细菌以及一些有害气体，它好比大自然的肺，净化着我们呼吸的空气。例如，一公顷柳杉林每月可以吸收二氧化硫 60 千克，一公顷的山毛榉树林，一年之内吸附的粉尘就有 6800 千克之多。不少树种还能分泌植物杀菌素，不同程度地杀死空气中的细菌，如橙、柠檬、圆柏、黑核桃、法国梧桐等植物，都有较强的杀菌力。

在地球赤道的两侧，有几片终年湿润的土地，生长着高大茂密、终年常绿的森林，

目前，世界上共有三个热带雨林的分布地区，它们是美洲热带雨林区、非洲热带雨林区和印度 - 马来西亚热带雨林区。其中，美洲热带雨林区的亚马孙热带雨林是世界上最大、最典型的热带雨林。

被砍伐的森林

　　这就是热带雨林。占地球陆地面积不多的热带雨林，为世界上半数以上的动植物品种提供了生活居住的场所，它是地球上生物多样性最丰富的地区。热带植被还为人类提供了丰富的物产，比如：巧克力豆、坚果、水果、胶类、咖啡、木料、橡胶、天然杀虫药、纤维和燃料等。可以说，热带雨林就是一个"绿色宝库"。但由于人类的破坏，这个"绿色宝库"正在大片大片地消失，正濒临着灭绝的危险。

　　由于人类对木材的大量消费、无节制的

遭到破坏的亚马孙热带雨林

乱砍滥伐等人为因素，全世界森林面积在2000年至2011年的11年间减少了大约13万平方千米。专家指出，这一现象已经给人类赖以生存的自然环境造成了严重影响，应该立即采取有效措施予以控制。

很多人喜欢用一次性筷子，认为它既方便又卫生，使用后也不用清洗，一扔了之。然而，正是这种吃一餐就扔掉的东西加速着森林的毁灭。日本作为一次性筷子的发明国和使用大国，却不砍自己国土上的树木来做一次性筷子，而全部依靠进口，这是某些日本商人的可恶之处。我国森林覆盖率不及日本的一半，却是一次性筷子的生产和出口大国，每年生产的一次性筷子数量多达 570 亿双，相当于砍伐 380 万棵树。可以说，一次性筷子成为森林面积减少的一大罪魁。据统计，我国生产的一次性筷子一半在本国使用掉，另一半中有 77％ 出口到日本，21％ 出口到韩国，2％ 出口到美国。所以，让我们尽量不使用一次性筷子吧，不要让森林变成木屑。让我们每一个人都负起植树造林的任务吧，从一棵树、一片草地入手，从我做起，从现在做起！

为什么说森林是"地球的肺"呢？如果有一天森林都消失了，你认为地球会怎样？

小问题

为什么要保护草原？

"天苍苍，野茫茫，风吹草低见牛羊"，广袤无垠的大草原，造福了人类的世世代代。在这些土地上，生产了人类食物量的11.5%，以及大量的皮、毛等畜产品；还生长着许多药用植物、纤维植物和油料植物，

草　原

内蒙古草原

栖息着大量的野生、珍贵、稀有的动物。

茫茫的大草原，是大自然赐给人类的宝地。它不但是发展畜牧业的最基本的生产资料基地，而且还具有较强的防风固沙、涵养水源、保持水土、净化空气等生态功能。

我国拥有草原近4亿公顷，占世界草原面积的13%，占我国国土面积的41%。在如此辽阔的草原上，繁衍生息着大量的野生动物。在这些野生动物中，有许多稀有的物种，以及濒危甚至濒临灭绝的种类。在哺乳类动物中有羚牛、野牦牛、藏羚羊、白唇鹿、西藏棕熊、金猫、雪豹、麝等。珍稀的鸟类有丹顶鹤、白枕鹤、灰鹤、黑颈鹤、白鹤、藏马鸡、金雕、草原雕、苍鹭、兀鹭、秃鹭、胡兀鹭、大天鹅等。还有一些野生物种已在我国消失，只在濒危野生动物繁育中心有饲养，如高鼻羚羊、野马等。

然而在今天，我们美丽的家——草原已经不再美丽，而是面临着危机。我国草原面积比20世纪50年代初期已大大减少，而且质量下降：90%的可利用天然草原不同程度地退化，其中沙化、退化和盐渍化草原面积已达1.35亿公顷。天然草原的产草量不断降低，而牛、羊等牲畜日益增加，草畜矛盾十分突出。不仅如此，天然草原水土流失严重，

草原——一般指的是天然的草地植被，是指在不受地下水或地表水影响下而形成的地带性草地植被。我国大兴安岭以西的内蒙古草原，青海、甘肃的荒漠草原都是这种类型，都叫作草原。而城市中的绿地则叫草坪或草地，是人工建造并管理的具有特殊功能的草地，不是草原。

被破坏的草原

每年使数十亿吨泥沙输入黄河、长江。随之而来的恶果就是江河湖泊断流干涸，水旱灾害频繁发生，沙尘暴愈演愈烈。因此，草原危机现已拉响了我国生态的第一号绿色警报。

那么是谁在破坏草原呢？长期以来，人们认为草原是取之不尽、用之不竭的自然资源，只求索取不思投入，只求多产而不管草原的承受能力。人们把天然草原当作适宜种庄稼的荒地不断开垦。自 20 世纪 50 年代以来，经过四次大开荒，已有 1930 多万公顷优良草原被开垦。草原牧区人口与畜牧增长过快，在草原上过度放牧，草原不堪重负。草原植被遭到人为破坏。人们在天然草原上滥挖药材、乱采发菜、乱伐林木、挖金、开矿，这些人为活动严重破坏了草原植被。

面对草原危机，我们要重新认识草原的功能和作用，不要仅仅看到草原的经济效益，还要重视草原的生态功能，保护好我们的草原，保护好我们美丽的家！

人们为什么赞美草原？草原现在遇到哪些问题？是谁在破坏草原？

小问题

你了解湿地吗？

　　湿地就在我们身边，大到河流、湖泊、水库，小到池塘、水田、沼泽、滩涂等，都可以称为湿地。湿地是地球上价值最高的生态系统，是自然界最富有生物多样性的生态景观和人类最重要的生存环境之一，与森

湿　地

湿地动物

林、海洋并称为全球三大生态系统。它不仅为人类提供大量食物、原料和水资源，而且在维持生态平衡、保持生物多样性和珍稀物种资源以及涵养水源、蓄洪防旱、降解污染、调节气候、防止自然灾害等方面均起到重要作用。人们赞美湿地，将它比喻为"地球之肾"、"生命的摇篮"、"物种基因库"、"鸟类乐园"等。

湿地具有很高的生态价值。湿地是濒危鸟类、迁徙候鸟以及其他野生动物的栖息繁殖地。在四十多种国家一级保护鸟类中，约有 1/2 生活在湿地中。亚洲有 57 种处于濒危状态的鸟，在中国的湿地中已发现有 31 种……

湿地是重要的遗传基因库，对维持野生物种种群的延续，筛选和改良粮食作物物种，具有重要意义。中国利用野生水稻杂交培养的水稻新品种，具备高产、优质、抗病等特性，在提高粮食生产方面产生了巨大效益。另外，湿地是人类发展工、农业生产用水和城市生活用水的主要来源。我国众多的沼泽、河流、湖泊和水库在输水、储水和供水方面发挥着巨大效益。

2 月 2 日是世界湿地日，利用这一天，政府机构、组织和公民可以采取大大小小的行动来提高公众对湿地价值和效益的认识，特别是对湿地公约的认识。"湿地文化多样性与生物多样性"，这是《湿地公约》秘书局为 2005 年 2 月 2 日世界湿地日确定的主题。3005 年世界湿地日的口号是："湿地多样性蕴含着财富，别失去它！"

迁徙候鸟与湿地

　　我国是世界上湿地类型齐全、分布广泛、生物多样性丰富的国家之一，共拥有湿地面积 6590 多万公顷，约占世界湿地面积的 10%，居亚洲第一位、世界第四位。但是目前我国湿地消失和退化极其严重，近年来我国已有近 1000 个天然湖泊消亡，三江平原 78% 的天然沼泽退化；"八百里"洞庭湖已经由 1949 年的 4350 平方千米缩小至今日的 2000 平方千米左右！青海湖流域人口比

1949 年增加了 10 倍，环湖区开垦面积达 20 万公顷左右，脊椎动物减少了 34 种。这一切真让人触目惊心！

　　湿地的保护已经受到国内外的广泛关注。为了保护湿地，十多个国家于 1971 年 2 月 2 日在伊朗的拉姆萨尔签署了《关于特别是作为水禽栖息地的国际重要湿地公约》。这个公约的主要作用是通过全球各国政府间的共同合作，来保护湿地及其生物多样性，特别是水禽和它们赖以生存的环境。我国于 1992 年申请加入了该公约组织。1996 年 10 月，湿地公约常委会第 19 次会议决定自 1997 年起，将每年的 2 月 2 日定为世界湿地日。

小问题

你生活的周边有湿地吗？人们是如何赞美湿地的？

你了解河流吗？

　　河流，是地球表面较大天然水流的统称。地壳运动所产生的凹槽，在降水与地下水的供水情况下，就会形成大小不同的河流。我们常常赞美黄河是我们的母亲河，古今中外的文学家、诗人都用自己的笔对河流给予了极高的赞美。

　　河流在我国的称呼很多，较大的河流常称江、河、水，如长江、黄河、汉水等；小一点的叫溪、涧、沟等，如我国台湾省的浊水溪、福建省的沙溪等；西南地区的河流也有称为川的，如四川省的大金川、小金川；此外，藏布、郭勒等一些名称，是我国某些少数民族对河流的称谓。

　　河流对人类社会的发展具有重要的意义，无论是世界古代文明，还是当今地区经济的发展多与河流有密切关系。人类古代文明的发祥地往往依大河大川而兴起。距今四千多年以前，黄河流域即为中华民族文化的摇篮。埃及的尼罗河、巴比伦的两河流域（幼发拉底河和底格里斯河），印度的恒河、

黄河壶口瀑布

印度河，都是人类古代文明的发源地。

河流与人类的生活息息相关，这是因为河流的分布广，水量大，循环周期最短，而且绝大多数暴露在地表，取用十分方便。因此，河流是人类依赖的最主要的淡水水源。另外，河流在航运、灌溉、水产养殖和旅游等方面，也都对人类有重大作用。虽然洪水泛滥也给人类带来生命财产的损失和生态环境的破坏，但和它给人类带来的利益相

比，还是微不足道的。

　　河流拥有重要的水资源和水能资源。河流的水力蕴藏量取决于径流量和落差的大小。中国不仅有丰富的河川径流，而且有世界上最高的山脉和高原，许多大河从这里发源后奔腾入海，落差特别大。因此，中国水力蕴藏量特别丰富，约为6.8亿千瓦，居世界首位，相当于美国的5倍多，占全世界水力蕴藏总量的1/10左右。

　　河流是天然的航线，它的运量大、运行成本低，所需投资较少。一般来说，水运成本是铁路运输的1/2，是公路的1/3左右。因此，内河运输不仅是古代运输的主要手段，而且在交通工具现代化的今天，也占有重要

河运是一种重要的运输方式

尼罗河纵贯非洲大陆东北部，流经布隆迪、卢旺达、坦桑尼亚、乌干达、埃塞俄比亚、苏丹、埃及，跨越世界上面积最大的撒哈拉沙漠，最后注入地中海。流域面积约335万平方千米，占非洲大陆面积的1/9，全长6650千米，年平均流量每秒3100立方米，为世界最长的河流。

的地位。中国河道纵横，水量丰富，具有发展内河航运的优良条件。

河流广阔的水域是天然的鱼仓。中国各地的河流中盛产各种名贵的淡水鱼，如黑龙江的大马哈鱼，黄河的鲤鱼，长江的鲥鱼、桂鱼、凤尾鱼等都驰名中外。从河流中捕捞的大量淡水鱼，不仅为改善人民生活创造了条件，还可以大量出口换取外汇，支援现代化建设。现在，人们利用河流水体进行多种经营，除放养鱼、蟹、珍珠蚌外，还可种植水生植物，为农副业生产及工业生产提供饲料和原料。

水力发电是一种清洁的发电方式

　　河流孕育了人类的文明，它是大地的动脉，在火车出现以前，船是人们主要的交通和运输工具。河流是大地的乳汁，它灌溉农田，滋润牧草，使人类得以生息繁衍。然而今天，河流污染、江河断流却眼睁睁地成为事实。试想，如果河流内没有鱼了，人们由于饮用受到污染的河水而得病，这样的世界还正常吗？

　　河流为什么与人类的生活密切相关？

小问题

为什么说海洋是一个资源宝库？

人类赖以生存和繁衍的地球，其实是名副其实的"水球"，因为海洋的总面积为3.6亿平方千米，占地球表面积的71％。美丽富饶的海洋，是一个巨大的资源宝库，它给人类提供食物的能力相当于世界所有耕地的1000倍，每年提供的水产品至少可以养活300亿人，埋藏在海底的1350亿吨石油和140亿立方米天然气的开发潜力，是人类未来发展的希望。保护海洋，就是保护人类自己！

但是，随着人类海上作业和工程的增加，海洋污染在不断加剧，海洋生态正面临着不断恶化的危险。引起海洋污染的原因主要有：大量未经处理的工业废料、生活垃圾被排入大海，导致海洋污染物加剧；海上泄油事件频发，严重威胁着海洋鱼类等生物的生存；海洋防护工程破坏严重，海岸、防风林已失去挡浪、缓冲阻止海风的功能。而且，随着海洋捕捞、矿产开发、工程建设等活动的不断增加，人类对海洋生物的生活环

海洋生态

境的干扰也不断增大。

红树林是热带、亚热带海岸特有的森林植被。它们的根系十分发达，盘根错节屹立于滩涂之中。涨潮时，它们被海水淹没，或者仅仅露出绿色的树冠，仿佛在海面上撑起一片绿伞。潮水退去，则是一片郁郁葱葱的森林。所以，也被称为"海底森林"。

红树是热带海岸的重要标志之一，能防浪护岸，又为林内和附近的海洋生物提供了理想的发育、生长、栖息、避敌场所，它大量的凋落物又为海洋生物提供了丰富的食物来源。红树林是地球上唯一的海洋森林，是海堤的天然"保护神"，是沿海防护林体系的第一道屏障。同时红树本身具有重要经济价值和药用价值，其生态环境和水上风貌具有很高的观赏价值。

1994年11月16日《联合国海洋法公约》生效；1994年第49届联合国大会作出决定，正式确定1998年为国际海洋年。在这项决议中，联合国要求世界各国做出特别努力，通过各种形式的庆祝和宣传活动向政府和公众宣传海洋，提高人们的海洋意识，强调海洋在造就和维持地球生命中所起的重要作用，强调保护海洋资源与环境的重要性，保持海洋的持续发展和海洋可再生资源的可持续利用，加强海洋资源保护与开发的国际合作。

在我国，红树林主要分布于广西、广东、海南、台湾、福建和浙江南部沿岸。其中以广西壮族自治区红树林资源最丰富，其红树林面积占全国红树林面积的1/3强。

红 树 林

小问题　　为什么把红树林称为"海底森林"？国际海洋年是哪一年？

为什么说生物圈是地球生物的大家庭？

　　生物圈是指地球上存在着生命活动的区域。它通常分为三层：上层是"大气圈"的一部分，中层是"水圈"，下层是"岩石圈"的一部分。这三层为地球上的所有生物提供了能够维持其生命活动的空气、水、岩石、土壤，构成了地球上生命活动的主要舞台。所以世界上有生命的东西几乎都包括在这个范围内。地球上的生物小到细菌、真菌，大到鲸鱼、大象，林林总总有数千万种，它们共同组成了生物圈这个大家庭。

　　在生物圈里，动物、植物和微生物等生物群落，与阳光、土壤、水分、空气、温度等环境因素，互相联系、互相依存、互相制约，共同构成了地球生态系统。

　　生物圈是地球上最大的生态系统。在这个生态系统中有生产者（如绿色植物和光合细菌）、消费者（如食草动物和食肉动物）、分解者（如微生物）和无生命物质（如空气、水、土壤、阳光），其中生产者（主要是绿色植物）通过光合作用把太阳能转变为

四川生物圈亚丁自然保护区

化学能，这种化学能以食物的形式沿着生态系统的食物链依次传递给生产者和消费者，最后通过分解者再归还给自然界。

善待家园 SHANDAI JIAYUAN

在一个湖泊里，小鱼吃浮游生物，大鱼吃小鱼，大鱼死后的尸体又被微生物分解成无机物，重新供浮游生物利用，这就是水生生态系统的一个实例。

在自然界里，任何一个生态系统都在不断进行着能量流动与物质循环。因为生物的新陈代谢、生长和繁殖都需要能量。所谓生态平衡，就是在一定时期内，生态系统的能量流动和物质循环保持平衡状态。当生态系统处于平衡状态时，是最有利于能量流动与物质循环的，因此，这个时候系统中的物种最多，生物总量也最大。

珊瑚礁生态系统是最典型的海洋生态系统之一

生态系统的平衡往往是大自然经过了很长时间才建立起来的。一旦受到破坏，有些平衡就无法重建了，带来的恶果可能是人的努力永远无法弥补的。因此人类要尊重生态平衡，维护生态平衡，而绝不要轻易去破坏它。

科学家关于生物圈的研究已广泛开展，最著名的是人与生物圈计划。这项计划始于1971年，是联合国教科文组织发起的一项国际科学研究计划。人与生物圈计划受到了世界各国的重视，已有一百多个国家参加，我国也于1972年参加了这一计划并当选为理事国。通过对生物圈的研究，我们不仅能更详细地了解地球上生物的生命活动过程，而且能让它们生活得更好；生物圈，这个世界上最大的一个生态系统，也将成为我们生物大家庭的乐园。

根据生物分布的范围，生物圈上限可达海平面以上 12 千米，下限可达海平面以下 15 千米，其中海平面上下 100 余米范围内，生命活动最为活跃。

湿地生态系统

小问题

为什么说生物圈是地球生物的大家庭？你知道人与生物圈计划吗？它开始于哪一年？

什么是生物多样性?

生物多样性，指的是地球上所包括的数以百万计的动物、植物、微生物和它们拥有的基因，以及它们与生存环境形成的复杂的生态系统。简单地说，生物多样性表现的是千千万万的生物种类。

但是，随着环境的污染与破坏，人类的乱捕滥杀、乱采滥伐等，目前世界上的生物物种正在以每小时一种的速度消失。这是地球资源的重大损失，因为物种一旦消失，就永远不可能再生。消失的物种不仅会使人类

金　丝　猴

大　熊　猫

失去一种自然资源，还会通过食物链引起其他物种的消失。

　　食物链是指生物间（包括动物、植物和微生物）互相提供食物所形成的食物链条关系。例如：草原上的青草为野兔提供了食物，野兔又是狐狸的食物，狐狸又成为狼的美味，但是当狼死掉后的尸体又会被微生物分解成为青草的养料，这就是草原食物链。因此，如果食物链中的一个物种灭绝了，就有可能引起其他物种的灭绝，最终导致整个

善待家园 SHANDAI JIAYUAN

生态系统的崩溃。

　　食物链上的各种动植物的数量也要保持一定的平衡。例如在草原上，如果没有狼、狮子、猎豹和猎狗等食肉动物对食草动物的控制，食草动物就会迅速繁殖，使草原难以承受，当草原退化，食草动物也就失去了生存和发展的条件。

　　生物多样性对人类生存和发展的价值是巨大的。它提供给人类所有的食物，是全世界70亿人的食物保证；它提供给人类许多诸如木材、纤维、油料、橡胶等重要的工业产品，还有绝大部分的中医药材；许多野生动植物还可以为人类提供特殊的基因，如耐寒抗病基因，使培植动植物新品种成为可能。而且，丰富多彩的生物资源在自然界中维系着能量的流动，在净化环境、改良土壤、涵养水源及调节气候等多方面发挥着重要的作

　　国际生物多样性日：《生物多样性公约》于1993年12月29日正式生效，为纪念这一有意义的日子，联合国大会通过决议，从1995年起每年的12月29日为"国际生物多样性日"。

变叶木——西双版纳热带植物

用。千姿百态的生物种类还会给人以美的享
受，是艺术创造和科学发明的源泉。

我国是世界上生物多样性最丰富的国家之一，仅次于巴西和印尼，位居世界第三。

我国有高等植物 3 万多种，脊椎动物 6347 种，分别约占世界总数的 10% 和 14%；陆生生态系统类型有 599 类。此外，我国珍稀物种丰富，有多种在世界上被视为稀有的珍贵物种，比如大熊猫、金丝猴、长臂猿、高鼻羚、亚洲象、扬子鳄，等等。我国还有长满植物的"绿色宝库"——西双版纳，那里既有丰富的热带植物，又有大片的原始森林。

小问题 什么是生物多样性？它有哪些价值呢？我国有哪些稀有动物？你见过它们吗？

南极对于我们人类的价值是什么？

南极，地球上最寒冷、最多风的地方。这里 98% 的面积被广袤无垠的冰层覆盖着，目前测得冰层最厚的地方达到了 4800 米。它拥有世界上 90% 的冰和 70% 的淡水。这里曾记录到世界最低气温为 -89.2℃。南极冰盖将 80% 的太阳辐射反射掉，致使南极热量入不敷出，成为永久性冰雪覆盖的大陆。

南极磷虾

南极景色

南极是地球上最遥远最孤独的大陆，广阔的南极冰盖犹如遮盖在南极大陆真实地貌上的神秘面纱，至今尚未被人类完全揭开。

南极大陆及其独特的地理位置为研究地球的许多学科提供了宝贵的"天然科学实验基地"。由于南极地区的太阳辐射能和地磁场与地球上其他地区迥然不同，因而，只有在南极地区上空才能形成一系列重要的地球物理现象，如极光、啸声、粒子沉降和地磁脉动等。因而，要研究上述特殊物理现象，非在南极地区不可。而且，南极地区是全球气候变化的关键区和敏感区，科学家目前正力图从此发现全球气候变化前的征兆。

南极地区的矿产资源极为丰富。南极大陆的铁矿蕴藏量可供世界开发利用 200 年，有"南极铁山"之称。南极还有世界上最大的煤田，储藏量约达 5000 亿吨。还有很多其他的矿产资源正在勘测过程中。

南极还蕴藏着丰富的生物资源，如我们熟悉的企鹅、海豹和鲸等。企鹅估计有 1.2 亿只，海豹 1700 万头，各种鲸类约 100 万头。这些生物都是以鳞虾为食的。磷虾是南极的特殊水产资源，其蕴藏量为 4 亿～6 亿吨，据估计，在不破坏南极生态平衡的前提下，每年可以捕获 5000 万吨，这相当

我国目前在南极设有三个考察站：1985 年建于西南极的长城站、1989 年建于东南极的中山站，以及 2009 年建于南极内陆冰盖最高点的昆仑站。

南 极 企 鹅

于现在全世界总捕获量的一半。

　　但是目前，南极也面临着环境问题。20世纪80年代，全球掀起了南极考察的热潮，目前已有40多个国家进驻南极大陆。这些人每年都要产生不少废弃物，包括建筑垃圾、科研垃圾和生活垃圾。除此之外，还要排放大量的生活污水，严重污染了当地的环境。据估计，南极目前积累的垃圾多达30万吨，令人喜爱的企鹅天天和垃圾为伍。看来科学考察活动本身也应该注意环境保护。

　　企鹅是南极的土著居民，是南极的象征。

在千里冰封的南极，企鹅已经快乐地生存了数百万年。然而，在人类出现后，企鹅面对的危险开始变得越来越大了。

人类踏上南极后，给南极土壤带来了新的微生物。1995年，科学家发现某些企鹅染上了一些在南极从未发现过的疾病，这些疾病很可能也已危害到南极海豹。这显然与人类在南极地区的活动有密切联系。

南极的气温正在不断升高，现在的平均温度已经上升了2.5℃。企鹅只好跑到海拔45米以上的地方去散热。科学家说，随着南极的不断升温和生态环境的改变，企鹅的生活将日益艰难。

小问题

南极对于我们人类有哪些价值？人类的活动对南极产生了什么影响？

为什么说北极是人类巨大的资源宝库？

人们通常所说的北极并不仅仅限于北极点，而是指北极圈以北的广大区域，也叫做北极地区。北极地区包括极区北冰洋、边缘陆地海岸带及岛屿、北极苔原和最外侧的泰加林带。如果以北极圈作为北极的边界，北极地区的总面积是2100万平方千米，其中陆地部分占800万平方千米。

北 极 熊

优哉游哉的北极驯鹿

随着人类对北极的不断探索与科学技术的进步，几个世纪以来，北极的神秘面纱逐渐被人类揭开。现代科学研究已经表明，北极是人类的巨大资源宝库。北极也许永远不会成为一个巨大的工业中心，但它却可以成为重要的能源和原料基地。

南极大陆荒凉一片，但北极具有较丰富的动植物资源。有900种显花植物，上百万只北美驯鹿，数万头麝牛，上千只一群的北极兔，峰年时每公顷多达1500只的旅鼠。北半球全部鸟类的1/6在北极繁育后代，而且至少有12种鸟类在北极越冬。在北冰洋广阔的水域中还有上百万只各种海豹，20万头海象，数千头角鲸和白鲸，2万只北极熊。北极地区生活着至少已有上万年历史的当地居民——因纽特人、楚科奇人、雅库特人、鄂温克人和拉普人等。

北极地区拥有极其丰富的油气资源。从20世纪60年代末起，人们先后在阿拉斯加北坡、巴伦支海、挪威海、加拿大北极群岛等地发现了丰富的油气资源。保守估计，北极潜在的可采石油储量在1000亿~2000亿桶，天然气在50 000亿~80 000亿立方米之间。而北冰洋是世界上最浅的海洋，一半面积属于大陆架，而且半数以上的陆架区水域深度不超过50米，一旦克服低温的因素，开采起来将会极其便利。

我国第一个北极科考站——中国北极黄河站（北纬78°55′、东经11°56′），在挪威斯匹次卑尔根群岛的新奥尔松建成，并于2004年7月28日投入使用。我国北极科考将围绕全球变化及对我国气候和环境的影响、极区空间环境和空间天气、极地环境中的生命特征与过程等领域开展长期观测和研究。

海象是真正的冬泳高手

北极地区还蕴藏着大量的煤炭。阿拉斯加西北部煤田是储量丰富并且尚未开发的地区之一。地质学家估计，世界煤炭资源总量的 9%——4000 亿吨就储藏于此。而西伯利亚的煤炭储量比中国的大同、美国的阿拉斯加更大。有人估计为 7000 亿吨或者更多，甚至超过全球储煤量的一半。

除了石油、天然气和煤炭等化学能源以外，北极近年来已成为大规模的水电基地。俄罗斯在促进西伯利亚地区水电开发方面走在前列，西伯利亚水电站日前具有输出上千万千瓦电力的能力。加拿大的詹姆斯湾水电站完成后的总装机容量为 1370 万千瓦，与建成后三峡的发电能力大致相当。与化石能

从太空看北极

源相比，水电确实是一种无污染的洁净能源。如果水力发电占了主流，将能在极大程度上保护北极脆弱的生态环境。

　　北极的矿产资源也很丰富。例如科拉半岛具有世界级的大铁矿；诺里尔斯克有世界最大的铜—镍—钚复合矿基地；著名的科累马地区盛产金和金刚石；阿拉斯加蕴藏极其丰富的铅、锌和银。北极还储有铀和钍等放射性元素，这些都属于战略性矿产资源。

小问题

为什么说北极是人类的巨大资源宝库？

第二篇
哭泣的地球，
哭泣的孩子

空气污染为什么可怕？

清洁的空气是人类赖以生存的必要条件之一，一个人可以几天不吃饭、不喝水，仍能维持生命，但如果超过5分钟不呼吸空气，便会死亡。可是，曾几何时，原本清新透明的空气却有了颜色、有了味道，清洁的

城市上空一片雾霾

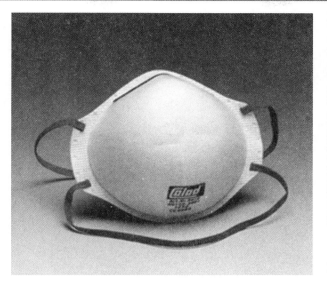

人们不得不戴上口罩外出

空气成了人们可望而不可即的奢侈品。

　　在日本街头就出现了一种自动售氧机，人们向机器里投硬币来呼吸新鲜空气。在我国一些大城市出现的氧吧也是向人们提供干净的氧气。虽然生活在城市溜的孩子有变形金刚，有良好的学习条件，但他们却未必有生活在农村的孩子幸福，因为农村的孩子有新鲜的空气，有走进大自然的机会。

　　在一般情况下，空气即使受到一些污染，由于大自然具有巨大的自净作用，仍能使空气保持清洁新鲜的状态。但是，当空气

空气污染还会降低人体免疫功能

中某些有毒有害物质的含量超过正常值或超过空气的自净能力时，空气中污染物的浓度达到了造成灾害的程度，就会对人体健康和动植物的生长发育或对气候产生不良影响，这就发生了空气污染。造成空气污染的物质，主要有颗粒物、硫氧化物、氮氧化物、一氧化碳和碳氢化合物等。

空气污染的危害是多方面的，它既危害人体健康，又影响动植物的生长，严重时还会引起地球的气候异常。人类吸入污染的空气，或者皮肤表面接触污染空气，可引起上呼吸道炎症、慢性支气管炎、支气管哮喘及肺气肿等疾病。而且，空气污染还会降低人体的免疫功能，使人的抵抗力下降，诱发或加重多种其他疾病的发生。

空气污染物可使植物抗病力下降，影响生长发育，叶面产生伤斑或枯萎死亡。一般植物对空气污染物中的二氧化硫的抵抗力都比较弱，少量的二氧化硫气体就能影响植物的生长机能，造成落叶或死亡。同样，动物因吸入污染空气或吃含污染物的食物也会发病或死亡。

另外，二氧化碳等温室气体的增多，会导致温室效应，使全球气候变暖，导致全球灾害天气增多。

《中华人民共和国大气污染防治法》规定：任何单位和个人都有保护大气环境的义务，并有权对污染大气环境的个人和单位进行检举和控告。因此，当你发现汽车排出大量黑烟，工厂排出污染严重的废气时，你就有权利也有义务向环境监测部门或新闻媒体投诉。

科学家研究证明，空气污染对儿童的身心健康危害最大。空气污染严重的地区，儿童不仅身体发育缓慢，而且智力下降、反应迟钝，患病率比正常地区的儿童要高2~6倍。这是因为大部分的空气污染物都沉积在靠近地面的空气中，儿童个子矮，比大人更容易吸入这些被污染了的空气。而墨西哥政府为保护墨西哥城240万学龄儿童的身体健康，规定各所学校均不得早于上午10点上课。

空气污染指数简称API，它是用来评估空气污染程度和空气质量状况的一种指标，人们据此为空气质量分级。目前，世界上许多发达国家或地区都采用这种方式来评价空气质量。

温室气体排放导致全球气候变暖

人类需要清洁的空气

在我国，空气质量按照 API 的值划分为五级：一级优、二级良、三级轻度污染、四级中度污染、五级重度污染。人们可以根据发布的城市空气质量的级别，判断出空气污染对人体健康的影响，以及是否适宜进行户外活动。

空气为什么会有了颜色、有了味道呢？你有没有好办法刹一刹空气污染的威风呢？

小问题

什么是 "不美丽的雾"？

　　城市中工厂和汽车的数量越来越多，由工厂和汽车等排放的有害气体在空远中也大量增加，其中有害气体在一定的气候条件下就形成烟雾，这种看似"美丽迷离"的雾对环境和人类是极其有害的。

　　1943 年，美国洛杉矶市发生了世界上最早的光化学烟雾事件。人们因此眼睛发红、

工厂排放的废气污染

汽车尾气成为城市大气污染的主要来源

咽喉疼痛、呼吸憋闷、头昏、头痛。1970年，日本东京发生了较严重的光化学烟雾事件，一些学生中毒昏倒，交通警察上岗时也不得不戴上防毒面具。1974年，中国部分地区也出现过光化学烟雾。光化学烟雾已经开始向人类宣战了！

光化学烟雾是一种带刺激性的淡蓝色烟雾，它是由大气污染物碳氢化合物和氮氧化合物等在太阳光的照射下，发生光化学反应生成的。造成光化学烟雾的主要原因是大量汽车尾气和工厂废气的排放。光化学烟雾使得大气能见度降低，一年中的夏季和一天中的下午2时前后容易发生光化学烟雾。这种光化学烟雾可随气流飘移数百千米，使远离城市的农村庄稼也受到损害。

小知识

汽车尾气排放的主要污染物为一氧化碳、碳氢化合物、氮氧化合物、铅等。其中的一氧化碳与血液中的血红蛋白结合的速度比氧气快250倍，微量一氧化碳的吸入，可能给人造成可怕的缺氧性伤害。轻者眩晕、头痛，重者脑细胞将受到永久性损伤。氮氧、碳氢化合物会使易感人群出现刺激性反应，患上眼病、喉炎。汽车尾气中所含的3，4－苯并芘是致癌物质，它是一种高散度的颗粒，可在空气中悬浮几昼夜，被人体吸入后不能排出，积累到临界浓度便激发形成恶性肿瘤。

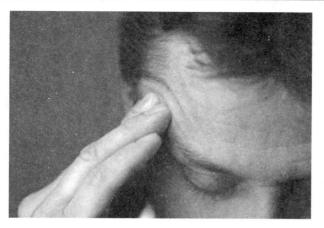

光化学烟雾会使人感觉头痛

光化学烟雾对人体及农作物有很大危害。光化学烟雾对人体最突出的危害是刺激眼睛和呼吸道黏膜，引起眼睛红肿和喉炎。光化学烟雾也会使人感觉头痛、呼吸困难，还会导致儿童肺功能异常等。

植物受到光化学烟雾的损害以后，开始表皮褪色，呈蜡质状，经过一段时间后，色素发生变化，叶片上出现红褐色斑点。这不但影响植物的生长发育，还大大降低了植物对病虫害的抵抗力。

有关的科学监测表明，北京大气中的碳氢化合物有 60% 左右是汽车排放的，氮氧化合物有 70% 是汽车排放的。在北京、天津、上海、广州、长沙、武汉等一些城市的主要交通干道和主要交通路口，汽车尾气排放的一氧化碳、碳氢化合物和氮氧化合物都超标，在这些路口的交通警察经常有头晕、嗓子发干、咳嗽、胸闷的症状。

世界各国早在20世纪60至70年代就针对汽车尾气排放建立了相应的法规，并且推动汽车排放控制技术的不断进步。目前，全球汽车排放标准并立，主要分为欧洲、美国和日本标准。欧洲标准测试是发展中国家大都沿用的汽车尾气排放体系，我国大体上也采用欧洲标准体系。

小问题

你见到过光化学烟雾吗？它有颜色吗？光化学烟雾最早发生在哪个国家？

什么是水污染？

　　人类休养生息的地球是一个71%的面积由水覆盖的蓝色星球，但其中97%为苦涩的海水，可供人类开发利用和饮用的淡水只占了3%左右。在这3%左右的淡水中，约有

地球淡水资源非常有限

干旱导致湖泊干涸，鱼鸟死亡

2.66％是人类难以开发利用的两极雪山冰川和永冻地带的冰雪，人类真正可以利用的淡水资源只相当于淡水资源储量的0.34％。有人比喻说，在地球这个大水缸里，可以利用的淡水只有一汤匙。可见，淡水资源是十分有限和珍贵的。

水是生命之源，没有水就没有生命。成年人体内含水量占体重的65％，人体血液中80％是水。如果人体内水分减少10％便会引起疾病，减少20％～22％就要死亡。人类生活、工业生产、农业灌溉，都离不开水。但随着工业发展和人口增加，水的污染却越来越严重，并且已经引起全世界的广泛关注。

那么，什么是水污染泥？2008年修订并颁布的《中华人民共和国水污染防治法》中为"水污染"下了明确的定义，即水体因某种物质的介入，而导致其化学、物理、生物或者放射性等方面特征的改变，从而影响水的有效利用，危害人体健康或者破坏生态环境，造成水质恶化的现象称为水污染。

水污染给我们的生活带来了严重的危害。未经处理的城市生活污水、工业废水、农田污水等被排放到洁净的水中，会消耗水中溶解的氧气，导致水中缺氧，危及鱼类的生存，致使需要氧气的微生物死亡，严重的还会使水质发黑、变臭，毒素积累，伤害人畜。另外，有些化工厂、药厂排放的废水和

中国水资源的分布极不平衡，总体来说，南方多、北方少。2011年北京人均水资源量降至100立方米。换一个形象的说法，假如全球人均有一暖瓶水，中国人均则只有一杯水，而北京，人均只有一口水。

河道上堆积的废旧塑料瓶

农田污水中还含有大量有毒的有机化学药品，它们进入江河湖泊会毒害或毒死水中生物，引起生态破坏。这个时候，连人类也会随之遭殃。

目前，全世界每年约有4200多亿立方米的污水排入江河湖海，污染了5.5万亿立方米的淡水，这相当于全球径流总量的14%以上。中国水污染也十分严重。中国每年约有360亿吨的生活和工业废水被倒入江河湖海，其中95%没有经过任何处理。中国90%以上城市水域污染严重，全国近6亿城市居民面临水污染这一世界性的难题。

水是哺育人类的生命乳汁。水是有限的，水是宝贵的，水是不可再生的。我们每一个人都要自觉地树立节水意识，拧紧水龙头，节约每一滴水，减少人为的水污染。现在，科学合理地利用水资源、节约用水在世界各国已形成共识。1993 年 1 月 18 日，第四十七届联合国大会作出决议，确定每年的 3 月 22 日为"世界水日"。总之，节约用水，防治污水，保障水资源的可持续利用，是人类共同的事业，更是每个人的责任！

小问题

世界水日是哪一天？谈谈你对水污染的认识？

什么是噪声污染？

声音是地球上不可缺少的一种重要的环境因素。欢快的鸟鸣、叮咚的流水、风吹树叶的沙沙声，给美丽神秘的大自然增加了一层生动与和谐。然而，在现代化的都市，人们已经无法听到那自然、和谐的悦耳之音了，取而代之的是机器的轰鸣声、汽车的发动机声、鸣笛声和商店里震耳欲聋的音乐声。这些杂乱无章、对人的听觉神经以强烈刺激的声音，就是我们平常所说的噪声。

建筑施工会产生噪声

分 贝

分贝是用来表示声音大小的单位，记为 dB。分贝越高，声音越大。1 分贝大约是人刚刚能感觉到的声音。人类适宜的生活环境不应超过 45 分贝，不应低于 15 分贝。

凡是干扰人们正常休息、学习和工作的声音都可以称为噪声。噪声污染不同于大气污染、水污染，它不会产生污染物，只是零散地从各种地方发出来。因而很难集中治理。交通工具、各种机械设施、建筑施工、人群集会、高音喇叭等都会产生噪声。

目前，联合国已把噪声污染确认为世界上继水污染、大气污染、电磁污染之后的第四大污染。中国也是噪声污染比较严重的国家，全国有近 2/3 的城市居民在噪声超标的环境中生活和工作着，对噪声污染的投诉占环境污染投诉的近 40%。

噪声被称为"无形的暴力"，是大城市的一大隐患。有人曾做过实验，把一只豚鼠放在 173 分贝的强声环境中，几分钟后就死了。解剖后的豚鼠肺和内脏都有出血现象。

噪声会损伤人的听力，有检测表明：当人连续听摩托车声 8 小时，听力就会受损；当人在 100 分贝左右噪声环境中工作时，会感到刺耳、难受，甚至引起暂时性耳聋；超过 140 分贝的噪声会引起人的眼球振动、视觉模糊，呼吸、脉搏、血压发生波动，甚至会使全身血管收缩，供血减少，说话能力受到影响。

噪声污染是一种公害，但也有有用的一面。例如，人们发现西红柿受过噪声刺激后，它的根、茎、叶表皮的小孔都扩张了，从而很容易把喷洒的营养物和肥料吸收到体内，这样结的果实不仅数量多，而且个头也大。同样对水稻、大豆做了试验，也获得了成功。

美国、日本、英国等国的研究人员，还

城市建设会产生噪声

城市交通会产生噪声

针对不同的杂草制造了不同的"噪声除草器"，它们发出各种噪声可以诱发杂草速生。这样，在农作物还没有成长前，可以先把杂草除掉。

小问题

是不是所有的声音都是噪声？噪声污染有哪些危害？为什么说噪声可以化害为利？

什么是热污染？

热污染，是现代工农业生产和人类生活中排放出的废热所造成的环境污染。如火力发电厂、核电站、钢铁厂的循环冷却水排出的热水，以及石油、化工、铸造、造纸等工业排出的废水中都含有大批废热。

火力发电厂排放废热到大气中

人类活动对气候的四种负效应

二氧化碳增多形成温室效应；大城市产生热岛效应；烟尘增多形成阳伞效应；海洋石油污染形成的油膜效应。

热污染可以污染大气和水体。人们排入大气的废热增多，会导致全球气候变暖、海水热膨胀和极地冰川融化，使海平面上升，一些原本十分炎热的城市，变得更热；严重的是它还造成了城市"热岛效应"。而这些废热排入湖泊河流后，也会造成水温升高，使水生生物的生长发育受到影响，也会使氰化物、重金属离子等毒性蓄积。废热还会导致水中溶解氧气锐减，使鱼类等水生动植物因缺氧而死亡。因此水污染防治法规定，向水体排放热废水，应当采取措施，保证水体的水温符合水环境质量标准，防止热污染危害。

人体在一定范围内对高温可以忍耐，并用排汗的方式顺利地将热量散发掉。但如果

气候变暖导致冰川融化

温度过高，就会降低人体的正常免疫功能。此外，热污染使温度升高，为蚊子、苍蝇、蟑螂、跳蚤和其他传病昆虫以及病原体、微生物等，提供了最佳的滋生繁衍条件，导致了疟疾、登革热、血吸虫病、流行性脑膜炎等疾病的流行。特别是以蚊子为媒介的传染病，目前已呈急剧增长趋势。这是热污染对人体健康的间接影响。

　　住在城市中的居民都会感到，夏季越来越热。主要原因就是城市"热岛效应"。城市工业集中，人口密集，工厂、汽车、空调及家庭炉灶和饭店等大量消耗能源，释放出大量废热进入大气，导致城市气温升高。而城市所发出的巨大热量，使得城市成为在气温较冷的郊区农村包围中的温暖岛屿，因此得名城市"热岛效应"。

城市"热岛效应"对人体健康构成了极大危害。人类有许多疾病就是在"热岛效应"作用下引发的，如消化系统疾病、神经系统疾病、呼吸道疾病，等等。

我们应该如何防治热污染和"热岛效应"呢？其实，造成热污染根本原因是能源未能被最有效、最合理地利用，因此，提高工业热源和能源的利用率，减少热量散失和释放，是一项很重要的措施。另外，应该加强城市绿化，大力植树种草，通过植物吸收热量来改善城市小气候。

小问题

你知道"热岛效应"吗？你居住的城市有这种现象吗？我们应该如何防治热污染？

光也能造成环境污染？

在大城市，许多建筑物外部都装饰了亮闪闪的玻璃幕墙，白天在太阳光的照射下，它反射出耀眼的强光，使许多路人不能正视。实际上，它也造成了污染——光污染。

城市的夜晚灯火辉煌，这种令人眩晕的美景却使得世界 1/5 的人在夜晚看不到星星在天空眨眼。城市上空不见了星星，刺眼的灯光让人紧张，人工白昼使人难以入睡。这也是光污染的表现之一。中国有句古诗说"古人不见今时月，今月曾经照古人"，如果

夜 景 照 明

城市的霓虹灯

听任光污染发展下去，难保有一天会"今人不见古时月"了。

光污染主要来源于人类生存环境中日光、灯光以及各种反射、折射光源造成的各种逾量和不协调的光辐射。一般分成三类，即白亮污染、人工白昼和彩光污染。白亮污染，是由阳光照射强烈时，城市里建筑物的玻璃幕墙、釉面砖墙、抛光大理石和各种涂料等装饰物反射光线造成的光污染。人工白昼是由夜晚时商场、酒店上的广告灯、霓虹灯等造成的光污染。彩光污染是由舞厅、夜总会安装的黑光灯、旋转灯、荧光灯以及闪烁的彩色光源构成的。

容易被忽视的是书本等白纸，这些纸张

越来越多的图书采用黄底色纸张印刷

越来越白，越来越光滑，因此对人的眼睛的刺激也越来越大，由于眼睛的视觉功能受到很大的抑制，眼睛很快疲劳，这也是造成近视的主要原因。

人体在光污染中首当其冲受害的是直接接触光源的眼睛和皮肤，光污染会导致视疲劳和视力急剧下降，加速白内障形成；强烈的光污染还会诱发皮肤癌。有关专家指出，光污染将成为21世纪直接影响人类身体健康的又一环境"杀手"。

现在，欧洲和美国等一些国家，部分图书采用了黄底色纸张印刷，确实比白色要舒服一些。在欧洲，特别是德国，室内墙壁粉刷时，人们逐渐喜欢用一些浅色，主要是米

1991 年，美国环保局为提倡环境保护率先提出绿色照明的概念，同时开始推广绿色照明计划。

黄、浅蓝、淡粉等，代替刺眼的白色。所以说，我们个人也要提高自我保护意识，注意预防可能产生的光污染。

照明与每个人的生活质量都息息相关。电气照明在方便、美化人们生活的同时，也

电气照明

给环境造成很大的污染。近年来由于夜景照明的兴起和失控造成的光污染问题不少。"绿色照明"是 20 世纪 90 年代初出现的一种照明新观念，是国际上采用保护环境、节约能源和促进健康的照明系统的形象说法。绿色照明包括两个方面：首先发光体发射出来的光对人的视觉是无害的；其次，要有先进的照明技术，确保最终的照明对人眼无害。两者同时兼备，才是真正的绿色照明。

小问题

我们平常使用的纸张是不是越白越好呢？你知道什么是绿色照明吗？它有哪些优点呢？

你对白色污染了解多少？

曾几何时，一次性塑料制品被人类誉为划时代的工业进步，给人类的生活带来了极大的方便。然而好景不长！随着这种白色塑料制品的普及和推广，令人头痛的环境污染问题也随之而至。大量的废旧农用薄膜、包装用塑料膜、塑料袋和一次性餐具在使用后被人们随意抛弃在环境中，它们或飘挂在树上，或散落在路边、草坪、街头、水面、农田及住地周围等处，给自然景观和生态环境

连开鹅也无法躲过的白色污染

带来很大破坏。由于废旧塑料包装物大多呈白色，因此造成的环境污染也被形象地称为"白色污染"。

在我国，白色污染是城市特有的环境污染。随着免费的一次性塑料购物袋和一次性塑料餐盒的使用量激增。消费者抱着"不用白不用"的观念大量使用和抛弃，在"限塑令"实施之前仅北京市8个城近郊区塑料袋年用量约23亿个，人均每日一个。这些东西量大、质轻、散布面广、很少回收，这是造成"白色污染"的主要原因。

一次性的塑料制品由于其制作原料具有极强的稳定性，在自然环境状态很难被降解，因此它可以存在几百年。这样大量、长久地日积月累，会给自然生态环境造成破坏，例如混在土壤中，会影响农作物的生长，导致

北京市政府已经颁布了《北京市限制销售、使用塑料袋和一次性餐具管理办法》，为治理"白色污染"提供了有力的法律保障，也进一步表达了北京市政府治理"白色污染"的决心。

沙滩上的白色塑料袋

农作物的减产；被家禽、家畜、野生动物（甚至濒危野生动物）误食，还会导致其死亡等。而且，在处理一次性塑料制品过程中，如采用填埋方法，会不断占用宝贵的土地资源；如采用焚烧方法，会产生大量的有毒有害气体。

如何防治白色污染呢？标本兼治是解决问题的最好办法。我们一方面应及时有效地处理既生垃圾，一方面用能降解、易降解的制品来代替塑料。日本的一位科学家就利用芦苇秆、竹和甘蔗渣作为原料，设计了一套纸餐具。虽然是纸餐具，但是仍然具备了防油和防水的功能，同时餐具的外观和颜色与我们平常生活中使用的白瓷餐具非常相似。如果不近距离观察，你可能都无法辨别出这是一套可降解的环保餐具呢。

遗憾的是，在我国大部分城市，白色塑料仍然大行其道。

告别白色污染，需要我们的共同努力！

小问题　　什么是白色污染？你见过白色污染吗？我们如何来防治白色污染呢？

什么是电磁辐射污染？

　　近几年来，各种家用电器、家用电脑、家庭影院等现代高科技产品都已进入千家万户，给人们生活带来诸多方便和乐趣。然而，电视机、电脑、电冰箱、空调机、移动电话等，在正常工作时都会向外辐射出大量的不同波长和频率的电磁波，形成电磁辐射。它们无色、无味、无形，又无处不在，它可以穿透包括人体在内的多种物质，人体如果长期暴露在超量的电磁辐射下，人体细

电脑会产生辐射

胞就会被大面积杀伤或杀死。据专家介绍，电磁辐射污染对孕妇和儿童的威胁最严重。

电磁辐射污染会使淋巴细胞的复制受到影响，导致白细胞和红细胞减少，大大降低人体的免疫功能，使人常患感冒、头昏、头胀痛、失眠、神经衰弱等。它还可损害人体内分泌及代谢功能，会导致癌变、胎儿畸形等。电磁辐射强度越大，癌症的发病率越高。

另外，高强度电磁辐射可以使人的眼睛晶状体蛋白质凝固，更严重的可形成白内障，还可伤害角膜、虹膜，导致视力减退，甚至完全失明。因此，有人将电磁辐射产生的污染形象地比喻为"隐形杀手"。

微波是电磁波的一种，波长很短，频率很高，对人体的伤害也最大。微波应用的范

公共的电磁辐射污染源

广播电视发射塔、星罗棋布的输电线路、大大小小的寻呼台发射站、无线电通信网强大的发射设备，都是造成公共电磁辐射污染的重要污染源。

微 波 站

围非常广，最常见的就是人们常用的微波炉。

　　微波的危害主要是由于它对生物机体细胞产生"加热"作用。由于它是穿透生物表层直接对内部组织"加热"，而生物体内部组织散热又困难，所以往往肌体表面看不出什么，而内部组织已严重"烧伤"。这就好像微波炉加热生鸡蛋，鸡蛋皮一点也不烫手，但鸡蛋黄已经"沸腾"了。

随着手机的普及，手机的电磁辐射对人们的影响不容忽视，虽然手机电磁辐射较弱，但由于手机的电磁辐射距离人体，特别是人的大脑非常近，电磁辐射有一半被使用者的头部吸收了。超量的电磁辐射，会造成人体神经衰弱、食欲下降、心悸、胸闷、头晕目眩，甚至诱发脑部肿瘤。最新的报道称，手机常挂在腰间，对人的肝、肾、脾等器官也会造成一定程度的危害。

防电磁辐射污染最简单易行的措施就是远离电磁辐射发射源。家用电器不宜集中放置，观看电视的距离应保持在4~5米，并注意开窗通风。青少年应尽量少玩电子游戏机，经常参加室外活动。如果是在计算机机房等电磁场强度较高的场所工作的人员，应特别注意工作期间休息，平时应多吃新鲜蔬菜与水果，以增强抵抗能力。使用手机时最好使用专用保护型耳机，尽可能地使天线远离人体，特别是头部。

为什么说电磁辐射污染是"隐形杀手"？我们应该怎样做才能减少电磁辐射污染带来的危害呢？

小问题

什么是电子垃圾污染？

电子产品越来越快的换代和淘汰，使大量被废弃的电子设备成为一种新污染。有专家认为，"电子垃圾"已经成为未来环境保护的新隐患。

电子垃圾包括各种废旧电脑、通信设备、电视机、电冰箱，以及被淘汰的精密电子仪器、仪表等。在 21 世纪，电子垃圾将是全世界增长速度最快的垃圾。而且，这些

堆成小山的电子垃圾

垃圾的成分很复杂，其中包括很多毒性极大的材料，比如镉、汞和大量的铅。目前在垃圾场发现的40%以上的铅都是来自人们日常生活中最熟悉的家用电器。

外表靓丽、功能强大的电脑和其他电器，从环保角度看来实际上是一堆剧毒品的结合。专家指出，制造一台个人电脑需要700多种化学原料，而这些原料一半以上对人体有害。此外，电视机、电冰箱、手机等电子产品也都含有铅、铬、汞等重金属有害物质。

人们对电子垃圾的传统处理方法是掩埋和焚烧。大量的计算机、移动电话、电视机、电冰箱等电子垃圾被掩埋在土壤中不做任何

绿色电脑

就是具备环保功能的电脑，主要具备省电节能、安全无辐射、无污染、可再生、符合人体工程学原理等特点。绿色电脑的产生，使制造电脑时可能产生的有害物质和电脑回收利用过程中产生有害物质的可能性降到了最小程度。

焚烧电子垃圾后的污染

处理，它们渗透出来的有害物质会对土壤造成严重的污染；而对这些垃圾进行焚烧，则会释放大量的有害气体，对空气造成污染，最终形成酸雨。

由于电子垃圾含有不少有毒物质，不可以草率埋掉或者烧掉，所以电子垃圾的处理和回收需要较高的成本。在经济利益的驱使下，美国把倍感头痛的电子垃圾大量运往世界各地的发展中国家，给这些国家带来了严重的环境污染。

1989年，115个国家的代表签署了《巴塞尔公约》，规定禁止出口有毒垃圾，美国是唯一拒绝在该公约上签字的发达国家。而美国又恰恰是产生"电子垃圾"最多的国家。这使得一些国家不得不发出这样的抗议："请不要将你们的垃圾倾销到我们的国家！"

专家指出，电子垃圾中有许多材料是可以资源化利用的，各种塑料可以直接回收，一些金属、贵重金属和稀有金属可以提纯，一些非金属材料也可再生利用。从资源再利用的角度说，电子垃圾的回收具有明显的社会效益和经济效益。

国外的一些电脑制造商们已经开始做回收工作。如惠普公司已开始了电脑回收再利用的业务；IBM 宣布制造中央处理器的塑料将可以百分之百地被回收；数字计算机公司研制出一种将彩色显示屏中的铅分离出来的工艺，可使每年处理此类垃圾的费用节省100万美元。

小问题　什么是电子垃圾？它有什么危害？你知道《巴塞尔公约》吗？哪一个发达国家拒绝在该公约上签字？

你知道什么是可怕的"世纪之毒"吗？

　　我们常常从各种媒体的报道中听说西欧等国相继发生因二噁英污染的事件。这个让全世界为之恐慌的二噁英是什么呢？其实，二噁英并不仅仅是一种物质，它包括210种化合物，毒性是氰化物的130倍，砒霜的900倍，是目前世界上已知的有毒化合物中毒性最强的。最可恶的是，二噁英无色无味，看不见，也摸不着，它呈气态，不易溶于

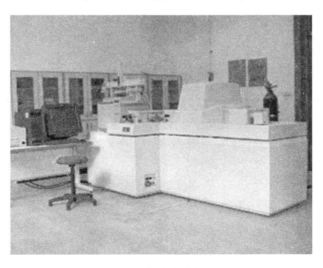

二噁英的实验室

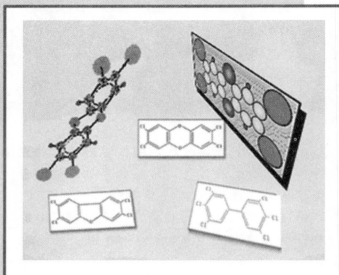

二噁英的分子结构

水，但有很强的脂溶性，所以它极易溶于和蓄积于人和动物体内的脂肪组织中，具有极大的危害。而且，即使到医院进行检查也不是马上能查出来的。因此，它还具有极强的隐蔽性呢！

二噁英有极强的致癌性，还可引起严重的皮肤病和伤及胎儿。二噁英微量摄入人体不会立即引起病变，但由于其稳定性极强，一旦摄入就不易排出，如长期食用含二噁英的食品，这种有毒成分会蓄积下来逐渐增多，最终造成对人体的危害。长期生活在二噁英含量严重超标环境下的人，不但容易患各类癌症，而且容易发生心血管病、免疫功能受损、内分泌失调等。

二噁英并非天然存在的，在自然状态下，只有原始森林着火才可能会产生微量的二噁英。因此，可以说二噁英完全是由工业活动人为造成的。当然，从来没有人刻意去生产它，它是在化工产品生产过程中生成的副产物。例如，化工生产、纸浆漂白、金属冶炼及垃圾焚烧过程中均有二噁英生成。这些被释放出来的二噁英，悬浮于空气中，下雨时二噁英则随着雨水落在江河或土地上，植物或动物吸收了便被污染，而人吃了这些动植物便被间接污染。

二噁英进入人体的途径，主要有呼吸吸入、皮肤接触和饮食摄入三种。其中，饮食

电视机里也能产生二噁英

最近，一些科学家发现，电视机内的阻燃物在高温时有可能产生少量的二噁英和其他有害物质。他们建议看电视时保持通风，不要过分靠近电视机，尤其不要边看电视边吃饭，以免二噁英吸附到食物上。

处理被二噁英污染的鸡

摄入占人体吸入二噁英总量的 35％ 以上，是二噁英进入人体最主要的途径。因此，工业发达的国家对食物中二噁英的残留量都极重视。

既然人体受到二噁英的污染主要是来自于饮食，我们就应当保持良好的饮食习惯。平时要保持膳食平衡，多吃瘦肉，少吃肥肉，或将肉剔去脂肪食用，食用低脂奶粉，适当增加蔬菜水果和谷物摄入量，减少动物性脂肪摄入量。这也是一个很不错的办法。

今天，我国在测量和控制二噁英的技术上已经具备了一定的实力。1996 年，中国科学院水生生物研究所建立了二噁英类化合物专用实验室。2010 年，我国提出防治二噁英污染的路线图和时间表。计划到 2015 年，建立比较完善的二噁英污染防治体系和长效监管机制，重点行业二噁英排放强度降低 10％。

小问题　二噁英进入人体的途径有哪些呢？其中，什么是最主要的途径？你认为人类能战胜二噁英吗？

酸雨为什么被称为"空中死神"?

简单地说，酸雨就是酸性的雨。我们知道，溶液中的酸度通常用 pH 值表示，pH 值越低，则酸性越强。目前，人们把 pH 值小于 5.6 的雨、雪和其他形式的降水称作酸雨。其实，早在 1872 年英国化学家 R.A. 史密斯就提出了酸雨这个术语，但直到 20 世纪 60 年代瑞典和挪威等国最先出现强酸雨而对森林等造成破坏时，才引起了人们对酸雨的广泛注意。

那么，雨水为什么会变酸呢？原来，城市和工矿区燃烧的各种矿物燃料，如煤、石油等，会向大气中排放出大量的二氧化硫和氮氧化物，当这些气体在空气中达到一定浓度后，它们就会发生一定的化学变化而转变成硫酸、硝酸等。在特定的条件下，它们随同雨水降落下来就成为酸雨了。

而酸雨发展到某种极端情况就是黑雨。1994 年重庆及其郊区下了数场黑雨，色如墨汁，且有强酸性。经化学分析，雨中的黑色物是煤屑。原来是煤矿石燃料未能燃烧充

碑面受到酸雨的腐蚀

分，析出了一些细小的碳粒，也通过烟囱排向高空，在空气中，又与硫酸、硝酸和水蒸气凝结在一起，最后随着降雨降落下来。无独有偶，1991年我国喜马拉雅山区，也下了数场"黑雪"。看来，人迹罕至的世界屋脊也未能逃出"空中死神"的魔掌。酸雨被称为"空中死神"，从这个绰号我们就可以想象它的危害有多大了。

酸雨落入江河湖泊中，会使鱼虾等生物大量死亡。在欧洲就有数千个美丽的湖泊因

工厂排放废气是形成酸雨的重要原因

全球有三大块酸雨地区：西欧、北美和东南亚。我国长江以南也存在连片的酸雨区域。

酸雨而变得毫无生气，听不到蛙鸣，见不到鱼跃。

酸雨会使土壤酸化，无法耕种。花草树木淋了酸雨，也会降低对病害的抵抗力，结的果实也会变得没有味道。儿童如果淋酸雨淋多了，会影响头发的生长，也有可能会秃头喔！

酸雨具有很强的腐蚀性。酸雨落在建筑物上，会把它们腐蚀得锈迹斑斑。酸雨还是摧残文物古迹的元凶，北京大钟寺的钟刻、故宫汉白玉栏杆和石刻，以及卢沟桥的石狮等，都不同程度存在着腐蚀剥落现象。著名的美国纽约港自由女神像，也被迫穿上"外衣"。

酸雨还会影响人体健康。人体的眼角膜和呼吸道黏膜对酸类十分敏感，酸雨或酸雾对这些器官有明显的刺激作用，它会导致红眼病和支气管炎，甚至会诱发肺病。

酸雨导致森林大面积死亡

小问题

你对酸雨是怎样看的？你有什么好办法帮助人类摆脱酸雨的危害？

什么是赤潮？

　　每当提到海洋总让人联想起蔚蓝的海水、美丽的鱼群和各种各样美味的海鲜。海洋中数量巨大的鱼、虾、贝等海洋动物们吃什么呢？原来，海洋中种类繁多、数量巨大的浮游藻类是它们最基本的食物之一。

赤　　潮

南海赤潮

　　浮游藻类是一种比较低级的自养生物，它们是海洋中的初级"生产者"。它们以阳光为能源，有机物质中氮、磷等为营养物质，利用二氧化碳合成生命物质。它们构成了海洋食物链系统的基础。但是，如果海洋中这些浮游藻类大量繁殖或高度聚集，海水就会变成红色，这就是赤潮。

　　赤潮的发生，通常认为是含氮、磷、钾等污染物质大量排入海洋、江河，造成水域富营养化，为浮游生物大量繁殖提供了丰富的营养物质，再加上适宜的光照、水温、风浪等条件，浮游藻类就会在短时间内迅速繁殖，这是形成赤潮的基本原因。大量工农业废水和生活污水排入海洋，其中的氮、磷、钾等营养促使藻类大量繁殖，是赤潮发生的主要原因。

赤潮已成为一种世界性的公害，美国、日本、中国、韩国等三十多个国家和地区赤潮发生都很频繁。

赤潮对海洋环境的破坏是严重的。在海水富营养化的条件下，海洋中的藻类浮游生物犹如得到了美味佳肴，贪婪地食用这些营养物质，在摄食的过程中，浮游生物会消耗大量的氧气，但是海水当中的氧气毕竟是非常有限的，于是浮游生物就和其他海洋生物开始争夺氧气，许多海洋生物因为得不到足够的氧气，窒息而死亡。同时，海洋生物在吸氧的时候可能会吸入这些海藻，最后堵塞鳃而死亡。

在工农业废水和生活污水排放入海之前，必须对废水进行处理。其中很重要的方法之一是采用微生物处理（也称之为生化

我国赤潮的高发区

渤海湾、长江口、福建沿海、广东和香港海域。

污染的水面漂浮着白色泡沫

法），就是利用微生物来分解工农业废水和生活污水中的有机物质。特别是对于有机营养物质含量较高的废水，微生物处理可获得较好的效果。

此外，为将赤潮灾害控制在最小限度，减少损失，必须积极开展赤潮监测与预警服务。当然，最重要的是我们应该保护和改善日益恶化的海洋生态环境，这是彻底消除赤潮发生的根本措施。

什么是赤潮？它有哪些危害呢？浮游藻类吃什么？

小问题

地球也会发高烧？

在我们居住的地球四周，包围着一层厚厚的大气。太阳光线通过大气层的时候，大气层把可能逃跑的热量捕获，使地球温暖起来。这就是温室效应。造成这种温室效应的气体有二氧化碳、一氧化碳、水蒸气、甲烷、氟利昂等，我们称这些气体为温室气体。

恰到好处的温室效应，对人类是有益的。要是没有温室气体，地球平均气温要比现在下降33℃，地球会变成一颗寒冷的星球。但是，近几十年工业化造成了大气中二氧化碳、甲烷、氟利昂等温室气体显著增加，温室效应加剧，地球的温度越来越高，随之而来的是全球生态环境平衡遭到破坏，生态系统发生巨大的改变。

在温室效应当中，二氧化碳起到了举足轻重的作用。二氧化碳能够大量吸收太阳辐射的热量。二氧化碳主要来自于人类生产生活所消耗的化石燃料，如煤、石油、天然气等。这些化石燃料在燃烧过程中会释放出大

少年科普热点

SHAONIAN KEPU REDIAN

某些专家预言全球将变暖

量的二氧化碳，使温室效应加剧。人类大量地砍伐森林，毁林造田也造成了二氧化碳浓度的升高。森林是人类的好朋友，它通过光合作用能够吸收大量的二氧化碳，释放氧气。当森林被破坏以后，森林吸收的二氧化碳就越来越少，使大气中二氧化碳的浓度大大增加。

环境污染引起的温室效应带来的最直接、最明显的危害就是气温的升高，夏天的热浪已经使我们无法进行正常的室外活动。甚至可以想象，在不久的将来，我国的许多避暑胜地将很有可能成为"烧烤"胜地。而随着气温的升高，带来的是地球上的病虫害增加，土地干旱，沙漠化面积增大，气候异常，海洋风暴增多。最可怕的是，南、北极地冰川将会逐渐融化，海平面逐渐上升，一些岛屿国家和沿海城市将淹于水中，其中包括纽约、上海、东京和悉尼几个国际化大城市。而那些只能在低温环境下生长的生物，将会有灭绝的危险。

所以我们必须采取有效措施，制止全球变暖。比如：节约能源，减少使用煤、石油、天然气等化石燃料；更多地利用太阳能、风能、地热等干净的能源；大量植树造林，严禁乱砍滥伐森林等。具体到每个人，

世界上排放二氧化碳最多的国家——美国

美国人口仅占全球人口的5%，二氧化碳排放量却达到年均约29亿吨，是世界上二氧化碳最大的排放源，差不多每个美国人每年排放二氧化碳不少于9吨。

沙　漠　化

都应该为地球降温贡献自己的力量。我们平常应当节约用电，这样就可以节约电能，进而减少发电所用的煤、石油、天然气等能源的用量，减少二氧化碳的排放量；出行尽量乘坐公交车，少开私家车，减少汽车尾气的排放量；多参加义务植树，不随便砍伐树木，以便增加二氧化碳的吸收。

温室效应给人类造成了哪些危害？对于越烧越糊涂的地球，你有什么药方给它退退烧？

小问题

为什么把沙尘暴称为陆地"杀手"？

春天来了，但伴随而来的不是鸟语花香，而是漫漫黄沙。沙尘暴把我们的城市吹得天昏地暗，汽车变成了黄色，人们身上、脸上都是土，好像从土里钻出来的一样。

沙尘暴多发生在每年的3~5月，它是一

沙尘暴天气

沙尘暴来袭

种风与沙相互作用的灾害性天气现象，它的形成与地球环境恶化、森林锐减、植被破坏、物种灭绝、气候异常等因素有着不可分割的联系。专家指出，沙尘暴作为一种高强度风沙灾害，并不是在所有有风的地方都能发生，只有那些气候干旱、植被稀疏的地区，才有可能发生沙尘暴。

在气象学中，沙尘天气被分为浮尘、扬沙和沙尘暴三个等级。浮尘指在无风或风力较小的情况下，尘土、细沙均匀地飘浮在空中，人们还能看到距离较远的人或物；扬沙则由于风力较大，将地面沙尘吹起，使空气相当混浊，人们可以看清的距离较近；沙尘暴指强风把地面大量沙尘卷入空中，使空气

特别混浊，人们仅能看到 1 千米以内的东西。而更强烈的沙尘暴风力可以达到 10 级以上，人们甚至只能看到 50 米以内的事物，破坏力极大，也被人们称为"黑风"。

沙尘暴的情况不仅我国有，在世界上许多国家都发生过。20 世纪 30 年代，由于美国不合理开发西部，大量焚烧草原，导致了 1934 年 5 月震惊世界的沙尘暴。这场沙尘暴从土地破坏严重的西部刮起，几乎横扫美国 2/3 的领土，沙尘暴把 3 亿多吨土壤卷进大西洋，毁掉耕地 300 万公顷。自那次事件之后，美国人聪明了起来，对草原加以保护，严禁滥垦，取得了很好的成效，六十余年来，再没有发生类似的事件。

世界防荒漠化和干旱日

1994 年联合国大会通过决议，决定从 1995 年起，每年的 6 月 17 日为世界防治荒漠化和干旱日，这标志着全世界都对治理荒漠化有了紧迫感。

荒漠化是沙尘暴形成的重要原因

　　然而，人类不合理的开发利用草场是造成沙尘暴的罪魁祸首。近年来由于工业的发展，人口的膨胀，人类盲目开垦草场，使草场面积越来越小。而另一方面，我国牧区饲养的牲畜却越来越多，超过了草场的承载力，造成草场退化严重。结果羊多了，草少了，风沙大了。

目前，我国的土地正在以每年 2460 平方千米的速度沙化，我国荒漠化土地面积已经达到 263.62 万平方千米，占国土面积的 1/3。荒漠无情地吞噬着祖国的土地，也为沙尘暴提供了源源不断的沙源。

沙尘暴带来严重的空气污染，使空气中充满浓浓的土味，人们如果在户外，很容易感染眼病和呼吸系统疾病，沙尘暴对人类的危害绝不亚于台风和龙卷风。

沙尘暴在我国北方地区猖狂肆虐后，还长途跋涉跨过长江，危害我国南方的部分城市和地区。因此，我们必须减少人为的破坏，保护森林，保护草地，让我们的祖国多一些林木植被，少一些荒漠沙化；多一些风和日丽，少一些黄沙蔽日。

小问题

你遇到过沙尘暴吗？它给你带来了哪些不便？沙尘暴是自然灾害，还是人为灾害？

什么是厄尔尼诺现象？

近年来，各类媒体越来越关注这样一个气候学名词——厄尔尼诺。每当厄尔尼诺现象严重时，你就会发现地球上一些地区暴雨成灾、洪水泛滥，而另外一些地区则是久旱无雨，农业歉收。人们把众多气候现象与灾难都归结到厄尔尼诺的肆虐上，例如印尼的森林大火、巴西的暴雨、北美的洪水及暴

厄尔尼诺和拉尼娜都是大气圈的警告

2003 年美国森林大火

雪、非洲的干旱，等等。厄尔尼诺几乎成了灾难的代名词！

厄尔尼诺（ElNino）一词源于西班牙语，意思是耶稣诞生时的海流。厄尔尼诺在西班牙语中也就是"圣子、圣婴"的意思。最初人们用厄尔尼诺这个词来形容赤道太平洋东部的海温异常升高现象，现在则是指在全球范围内，热带大气和海洋相互作用造成的气候异常。它主要表现在：从北半球到南半球，从非洲到拉美，本该凉爽的地方却骄阳似火，温暖如春的季节突然下起大雪；原来干旱少雨的地方发生洪涝，而通常多雨的地方却出现长时间的干旱少雨。

厄尔尼诺现象是怎样形成的，遗憾的是这层面纱还没有完全揭开。有的科学家认为厄尔尼诺现象是由大气层或是海洋运动周期性变化造成的。我国的一些科学家认为厄尔尼诺现象是地球运动和内部的某些变化造成的，例如地球自转速率大幅度持续减慢、太平洋底火山爆发、海底地震以及太阳黑子活动等，都可能导致厄尔尼诺的形成。总的来说，科学家相信，厄尔尼诺现象的发生与自然环境的日益恶化有关，是地球温室效应加剧的直接结果，与人类向大自然过多索取而

厄尔尼诺和拉尼娜频率加快

美国研究人员发现，20 年来，厄尔尼诺现象和拉尼娜现象发生频率为每两年一次，每次持续 12 ~ 18 个月。这使得地球出现大旱或大涝的次数也相应地增加。

森林大火

不注意保护环境有关。

　　"拉尼娜"一词同样源于西班牙语，是西班牙语"圣女"的意思，其引起的气候变化特征恰好与赫赫有名的"厄尔尼诺"相反。厄尔尼诺现象使海水的温度增高，而拉尼娜则使太平洋东部和中部的海水温度降低。所以，拉尼娜现象是一种反厄尔尼诺现象。拉尼娜相对于厄尔尼诺造成的危害要小一些。拉尼娜特别喜欢跟在"哥哥"厄尔尼诺的身后，在70%的情况下，厄尔尼诺发生一年后，拉尼娜就会接踵而至。

　　虽然厄尔尼诺现象对洪水、干旱和海浪产生了不利影响，并给渔业和海洋动物造成严重危害，但是，厄尔尼诺的最大影响则是对世界森林的破坏。1997 年因厄尔尼诺现象毁灭的森林数量要超过历史上任何一次。在这一年，墨西哥和中美地区发生了森林大火，烧毁了数百万公顷森林；印度尼西亚加里曼丹燃烧数月的森林大火，使大片森林遭到破坏，烟雾笼罩了整个东南亚；在巴西亚马孙河流域，由于北方的干旱和火灾，巴西热带雨林损失了 202 万公顷，其中包括濒危的大西洋雨林。

2009 年是距离我们最近的厄尔尼诺年。这一年，全球很多地区都发生了持续性干旱，印度的恒河和印度河等河流的水位已经低于警戒水位。发生在澳大利亚、阿根廷、我国北部和南美内陆的干旱，甚至对食品和水源供应产生了很大的影响，甚至导致全球的农产品供求关系趋于紧张。

小问题

人们为什么把厄尔尼诺和拉尼娜称为兄妹？厄尔尼诺给人类带来了什么？

什么是外来物种入侵？

　　你听说过食人鱼吗？这本是生活在数万千米之外的南美洲的一种鱼类。这种鱼牙齿尖锐，性情凶残，它不仅捕食其他鱼类，而且还会对人和牲畜发起攻击。可是现在，在我国也出现了这种鱼。想一想，这是多么可怕的事情。在进入 21 世纪全球一体化的进程中，各个国家都面临着迫切的外来物种入侵问题，其对生态环境的危害就像人体细胞癌变对人体的危害那样严重。

水葫芦占领了水面

飞 机 草

外来物种入侵也称外来生物入侵。人类的活动总是有意无意地把一个地方的生物引到另一个地方，这些生物快速生长繁衍，往往危害到后者的生产和生活。外来物种入侵在生物多样性、经济等方面造成了巨大的损害，在很多国家和地区，外来物种的危害已经达到了难以控制的局面，生态环境遭到重创。

澳大利亚原先没有兔子这一物种，1859年，移民从英国带来了十多只欧洲野兔。一场生态灾难开始了。兔子在澳大利亚没有鹰和狐狸等天敌，便开始大量繁殖。到1907年，兔子遍布整个澳大利亚大陆，吃光了草原上的牧草，牛羊因此忍饥挨饿，澳大利亚的畜牧业遭受巨大损失。人们想了许多办法，如筑围墙、

打猎、捕捉、放毒等，都没有办法消除兔灾。最后还是出了下策——从美洲引进了一种靠蚊子传播的病毒，能杀死欧洲兔却对于人、畜和野生动物无害。然而，这种方法会不会也有某种生物入侵的后遗症呢？

日本植物克株的花美丽迷人，还能散发出甜甜的葡萄酒香气。它是以观赏植物的身份被引进美国的。克株的生长快，适应性极强，能在极其恶劣的土壤条件下生长，还是优良的绿肥和饲料，美国开始大规模推广。可几年之后恶果显现，克株漫无目的地到处疯长，给当地生态环境带来了极大灾难。到20世纪60年代，当年致力于研究培育克株的农业部门来了个180度大转弯，转向研究

生态灾难

专家介绍，当一种生物在本土环境中生长时，不可避免地受到生物链中的天敌制约，保持着生态平衡；一旦它被人为"搬"到另一个陌生的地方，脱离天敌制约，就有可能无节制地生长，酿成生态灾难。

微甘菊已经成为深圳绿化工作的大敌

如何控制和消除克株。于是美国又开始了轰轰烈烈的清除克株运动，并为此付出了巨大的人力物力。

　　我国也是受外来物种入侵灾害严重的国

家之一，伶仃岛的微甘菊、云南滇池的水葫芦、西双版纳的飞机草、正在毁掉海岸滩涂的大米草……20世纪80年代后，随着国门打开，经济交流的加速发展，各种外来物种也纷纷闯入。现在从森林到水域，从湿地到草地，甚至到城市居民区，都可见到这些生物"入侵者"。专家介绍，全国各地都已经发现入侵物种，尤其是在低海拔地区及热带岛屿最为严重。几种主要外来入侵物种每年给我国造成的经济损失达574亿元人民币，仅对美洲斑潜蝇的防治费一项，就需4.5亿元。

外来物种入侵昭示着现代环保的困境，引起了世界各国的广泛关注，人们把每年的5月22日定为国际生物多样性日，这表明外来物种入侵已经成了一个全球性的大问题。为了解决外来物种入侵问题，各国目前已通过了40多项国际公约、协议和指南，而且有更多的协约正在制定中。让我们都来关注外来物种入侵，保护好我们生存的家园。

小问题

什么是外来物种入侵？它有哪些危害？

人类是物种灭绝的罪魁祸首吗？

在地球上，人不是唯一的生物，还有许许多多别的美丽生灵。它们和人类一样，都是大自然的子民，拥有与人类同等的生存权。然而，人类为了自己的享受使许多物种濒临灭绝。大片的原始森林和珍稀植物被砍伐，大批的野生动物被猎杀。

海　豚

生命在呼唤

　　任何一种生物，都是生态链或生态网中的一环，与其他生物存在着直接或间接的依存关系，任何一种生物的减少或消失，都会牵一发而动全身，造成多米诺骨牌似的效应，最后受害的是我们人类自己。

　　在生命进化史上，物种的灭绝原本是一件很自然的事，但却是物种正常的新陈代谢。然而，在人类工业化发展的一百多年里，物种灭绝的速度比自然灭绝的速度加快了1000倍。这主要是因为人类摧毁了森林、开荒种田，使动植物失去了它们的家园，把它们赶到新的生存环境，又污染了空气、水、土壤。

善待家园 SHANDAI JIAYUAN

地球上现存物种至少有1000万，每年却有3万种左右的生物灭绝，而且物种灭绝的速度在逐年加快。因此，在未来的50年里，我们将失去现存物种的50%，那时的地球将没有野生的大象、猩猩、大熊猫、犀牛、海豚、鸥鸽，人类将步入一个孤独的时代。

在已灭绝的动物中北美旅鸽是个鲜明的例证。旅鸽的数量曾占美国陆地鸟类数量的40%，最多时达50亿只，但好景不长，欧洲人踏上北美大陆后开始用各种办法捕杀这种鸟，只为吃它们的肉。在如此狂捕滥杀下，旅鸽很快被逼到了灭绝的边缘。1914年9月，最后一只叫"玛莎"的雌性旅鸽在众目睽睽之下死于辛辛那提动物园。33年后，人们为

犀　牛

目前，我国野生扬子鳄濒临灭绝的边缘，据估计总数为150条左右，远远少于野生大熊猫的数量。鉴于这种情况，扬子鳄已被世界自然与自然资源保护联盟（IUCN）的鳄鱼专家组列为全球23种鳄鱼保护计划之首。

旅鸽建了一座纪念碑，碑文上记录了旅鸽的悲惨遭遇，这是人类的一份忏悔书，但旅鸽已看不到了，因为地球上已经没有旅鸽了。

每一个物种都有它存在的价值，例如生活在热带雨林中的昆虫。不要小看昆虫，它们在传花授粉中担当重要角色，它们还能吞食碎屑、腐质，抑制虫害。

每一个物种的丧失对人类来说都是巨大的损失。我们失去了一种奇特的靠胃孵化的澳洲蛙，这种蛙在胃中孕育后代，后代从口中出生。在孵化阶段，雌蛙的胃停止产生胃酸。如果科学家能够早点知道澳洲蛙是如何停止产生胃酸的，也许还能帮助人们找到治疗胃溃疡的新方法。

我们目前所有的食物都来自野生物种的驯化，人类已利用了大约 5000 种植物作为粮食作物，还饲养了猪、牛、羊等家禽，而且这些物种也在不断地从野生动植物那里吸取优化的基因，以保持物种的高产和抗病能力。丰富的物种还充实着我们的药房，世界上很多药物都含有从植物、动物或微生物中提取的有效成分。物种丰富的生态系统无疑将为整个人类社会的未来提供更多的产品。

就个人来说，每个人都拒食野生动物，

昆虫在传授花粉中担当了重要角色

黑叶猴确实很丑

改变不良的饮食习惯，拒用野生动植物制品，那些偷卖者才会失去市场，偷伐偷猎者也才会销声匿迹。

小问题

北美旅鸽是怎样灭绝的？为什么说人类有责任保护珍稀物种？我们能做些什么呢？

你会为藏羚羊呼救吗？

在中国西北的青藏高原，有一片被称为"可可西里"的无人区，那里气候恶劣，平均海拔在5000米以上。千百年来，由于可可西里地区不适合人类生存，从而避免了人类活动的骚扰，长期保持着原始的自然状态，

可可西里的藏羚羊

可可西里

于是也就成为野耗牛、藏羚羊、野驴、白唇鹿、棕熊等青藏高原上特有的野生动物的天堂。

但是近年来，由于不法盗猎分子在巨大经济利益的驱使下，大肆非法猎杀野生动物，使可可西里地区的各类野生动物数量急剧下降，根据官方的统计资料表明，藏羚羊总数已由原来的数十万头骤减为不足 5 万头，如不采取紧急保护措施，藏羚羊将面临种群的灭绝！

神秘的青藏高原养育了藏羚羊这一神奇的物种。藏羚羊喜欢栖息在海拔 5000 米的高原荒漠、冰原冻土地带及湖泊沼泽周围，藏北羌塘、青海可可西里以及新疆阿尔金山一带令人类望而生畏的"生命禁区"正是它们快乐的家园。藏羚羊耐高寒、抗缺氧、食料要求简单而且对细菌、病毒、寄生虫等疾病有很强的抵抗能力。它们可以在海拔5000米的高度以60千米的时速连续奔跑，那奔腾跳越的矫健身姿给青藏高原添加了鲜活的生命色彩！它们是生命力极其顽强的高原精灵！

在青藏高原独特恶劣的自然环境中，为抵御严寒，藏羚羊身体上生长有一层保暖性极好的绒毛。藏羚羊身上的羊绒轻软纤细，弹性好，保暖性极强，被誉为"羊绒之王"，也因其昂贵的身价被称为"软黄金"。而且这绒毛是制作"沙图什"的唯一原料。"沙图什"是一种美丽华贵的披肩的名称。一条长2米、宽1米的"沙图什"重量仅100克左右，轻柔地把它攥在一起可以穿过戒指，所以又叫"指环披肩"。这种披肩已经成为欧美等地有钱人追求的一种时尚，其价格可达4万美元一条，贵比黄金。

藏羚羊仅存于中国青藏高原，是中国高原三大珍稀偶蹄类野生动物之一，属国家一级保护动物。

藏羚羊

藏羚羊绒因其绒极短，不能像山羊、绵羊那样剪，只能把毛从皮上扒下来。因此，一条长2米、宽1米、重100克的"沙图什"需要以3只藏羚羊的生命为代价。巨额利润刺激着贪婪的盗猎分子的欲望，在20世纪的最后10年，藏羚羊遭到了令人发指的杀戮。

藏羚羊奔跑迅疾，难以活捉，因此盗猎者均采取简单残暴的屠猎方式，杀羚取绒。藏羚羊有着极好的群体精神。当它们之中出现"伤员"时，大队藏羚羊就会减慢前进的速度来照顾它们，以防止猛兽吃掉负伤者。而这种善良的习性却被丧心病狂的盗猎分子利用。每当夜晚，盗猎者开着汽车，朝即将临产的雌性藏羚羊群横冲直撞，同时疯狂地开枪扫射。一旦群体中出现伤者，整个群体谁也不愿独自逃生，宁肯同归于尽。在盗猎现场常常可以看到这样的景象：数百头藏羚羊全部被屠杀，血流成河，尸横遍野；母羊当场被扒皮，小羊无法生存，活活饿死。

藏羚羊与恶劣环境斗是胜利者，与饥饿严寒斗是成功者，与豺狼虎豹斗是无畏者，它们从不屈服于来自自然界的任何困难，从未放弃过自己的家园。然而，就是这样生命力如此顽强的野生动物却大批大批地惨死在人类的枪口下。20世纪90年代初期，藏羚羊的数量在65 000只到72 500只之间，只有100年前藏羚羊总数的1/10。值得欣慰的是，在国家实施强有力的保护措施之后，藏羚羊数量正在缓慢地回升。

藏羚羊种群是极其珍贵的生物资源。保护藏羚羊的意义绝不亚于保护国宝大熊猫。因为任何一个物种都是地球的财富，更是我们人类的伙伴！保护藏羚羊种群、彻底制止偷猎已经刻不容缓！

为什么称藏羚羊为高原精灵？
藏羚羊为什么受到大肆猎杀？

小问题

第三篇
拯救地球，拯救自己

保护我们的家园，世界如何约定？

为了保护我们的家园，很多国家都已行动起来。

1971 年 2 月 2 日，来自 18 个国家的代表在伊朗南部海滨小城拉姆萨尔签署了一个旨在保护和合理利用全球湿地的公约——《关于特别是作为水禽栖息地的国际重要湿地公约》，简称《湿地公约》。该公约于 1975 年

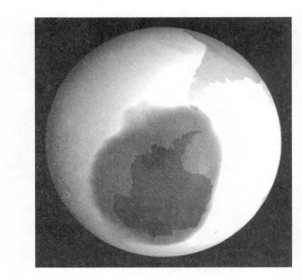

南极上空的臭氧洞触目惊心

保护湿地是保护人类自己

12 月 21 日正式生效，成为全球第一个环境公约。目前，该公约有 160 个缔约方，我国也于 1992 年正式加入该公约。公约主张以湿地保护和"明智利用"为原则，在不损坏湿地生态系统的范围之内可持续利用湿地。

《湿地公约》的宗旨是通过各成员国之间的合作加强对世界湿地资源的保护及合理利用，以实现生态系统的持续发展。目前，《湿地公约》已成为国际重要的自然保护公约之一，1832 块在生态学、植物学、动物学、湖沼学或水文学方面具有独特意义的湿地被列入国际重要湿地名录，总面积约 1.70 亿公顷。

为了全面控制二氧化碳等温室气体的排放，应对全球气候变暖给人类经济和社会带

人类每天向天空排放大量温室气体和烟尘

来的不利影响，1992年5月22日联合国政府间谈判委员会就气候变化问题达成一个公约，并于1992年6月4日在巴西里约热内卢举行的联合国地球首脑会议上通过了《联合国气候变化框架公约》。《联合国气候变化框架公约》是国际社会在对付全球气候变化问题上进行国际合作的一个基本框架。

　　该公约明确规定了缔约方所要实现的目标，以及为了达到目标所遵循的原则与承诺。其中，公约第二条明确规定了缔约方的最终目标："根据本公约的各项有关规定，将大气中温室气体的浓度稳定在防止气候系统受到危险的人为干扰的水平上。这一水平应当在足以使生态系统能够自然地适应气候变化、

善待家园 SHANDAI JIAYUAN

我国已加入的国际环境保护公约

《联合国气候变化框架公约》

《保护臭氧层维也纳公约》

《关于消耗臭氧层物质蒙特利尔议定书》

《控制有害废物越境转移及其处置公约》（巴塞尔公约）

《防止倾倒废物和其他物质污染海洋公约》（1972 年伦敦公约）

《防止船舶污染国际公约》

《国际油污损害民事责任公约》

《国际捕鲸管制公约》

《南极条约》

《南极条约环境保护议定书》

《保护世界文化和自然遗产公约》

《生物多样性公约》

《濒危野生动、植物物种国际贸易公约》

《关于特别是作为水禽栖息地的国际重要湿地公约》（拉姆萨尔公约）

《国际热带木材协定》

《核事故或辐射紧急情况援助公约》

《核事故及早通报公约》

《防治荒漠化公约》

《联合国海洋法公约》

确保粮食生产免受威胁并使经济发展能够可持续地进行的时间范围内实现。"

公约为应对未来气候变化设定了减排进

程。特别是，它建立了一个长效机制，使政府间可以相互报告各自的温室气体排放和气候变化情况。通过变化情况将能定期检讨和追踪公约的执行进度。此外，发达国家还同意了推动资金与技术转让，来帮助发展中国家应对气候变化。

根据《联合国气候变化框架公约》第一次缔约方大会的授权，缔约国经过近3年的谈判，于1997年12月11日在日本东京签署了更有名气的《京都议定书》。《议定书》确定了发达国家在2008－2012年的减排指标，同时确立了联合履约、排放贸易和清洁发展，三个实现减排的灵活机制。《京都议定书》为各缔约国环境保护提出了更高的要求。

地球是我们赖以生存的家园，一个个"约定"不仅是为了我们的现在，更为了子孙后代的生存，现在也让我们一起与地球母亲约定：呵护地球，从身边做起！

小问题

什么是《湿地公约》？你知道中国已经加入的几个国际环境保护公约？

我国著名的自然保护区有哪些？

人们为了保护珍稀濒危野生生物物种，保护有代表性的自然生态系统和有特殊意义的自然历史遗迹，专门划定了一定面积的陆地或水体的自然环境进行特殊保护和管理，这就是自然保护区。

自然保护区的建立，使陆地生态系统种类，特别是珍稀濒危野生动植物得到了较好

西双版纳原始森林公园

西双版纳

的保护。同时，自然保护区还起到了涵养水源、保持水土、防风固沙、稳定地区小气候等重要作用。我国著名的自然保护区主要有三江源自然保护区、卧龙自然保护区以及西双版纳自然保护区等。

　　2000年8月我国建立了面积最大、海拔最高的自然保护区——三江源自然保护区。所谓三江源，就是指长江、黄河和澜沧江的源头地区，它位于我国青海省境内。三江源地区素有"中华水塔"之美誉，长江总水量的25%、黄河总水量的49%和澜沧江总水量的 15% 都来自这一地区。而且，它还是世界上高海拔地带生物多样性最为集中的地区，有藏羚羊、藏野驴等野生动物 70 多种。近年来，黄河断流越来越严重使得人们更加重视这一地区的环境保护。

卧龙自然保护区位于四川岷江上游、成都市西北的卧龙县，占地约 20 万公顷，这里地势起伏错落，最高海拔 6250 米，最低海拔 1200 米，是以保护高山生态系统及大熊猫、金丝猴、珙桐等珍稀物种为主的国家级自然保护区。保护区除大熊猫、金丝猴外，还有牛羚、云豹、白唇鹿、雪豹、绿尾虹雉、金雕、斑尾榛鸡、胡兀鹫、小熊猫、猞猁、灵猫等珍贵动物，是一座天然的动物园。卧龙自然保护区已被联合

截至 2010 年 2 月，我国已经建有 329 个国家自然保护区。内蒙古自治区和黑龙江省各拥有 23 个国家自然保护区，四川省拥有 22 个国家级自然保护区。

卧龙自然保护区

国教科文组织列为世界生物圈保护区。

美丽富饶的西双版纳位于云南省的最南端，这里迄今还保留着总面积大约为100万公顷的大片原始森林，是物种荟萃的宝地，素有"动植物王国"之称。在自然保护区里面，分布着62种兽类，400余种鸟类，大约占我国鸟类总种数的1/3。其中被列为国家保护的珍稀动物有40多种，如黑冠长臂猿、白颊长臂猿、猕猴、印度野牛、亚洲象、孟加拉虎、小鼷鹿、冠斑犀鸟、棕颈犀鸟、绿孔雀、巨蜥等。科学家认为这里也是许多物种的起源地，因此也被称为"动植物生命的摇篮"。

小问题

什么是自然保护区？我国第一个自然保护区是在什么时候建立的？你知道哪些自然保护区？

为什么说清洁生产是防治工业污染的最佳途径？

　　所谓清洁生产，顾名思义就是生产过程中的每一个环节都要清洁，不排放污染物质，或者尽量少地排放污染物质。从广义上讲，清洁生产还不仅仅是清洁的生产过程，还有使用清洁的能源，清洁地利用能源，选择可再生的能源。除此之外，还要生产清洁的产品，产品在使用的过程中不危害人体健康和生态环境、包装合理、产品报废之后

有污染的生产

化工生产要清洁生产

容易处理降解，等等。

传统的治理污染的思路是"先污染，后治理"，并未从根本上解决工业污染问题。原因很简单，一边治理，一边排放。而且为了治理污染，许多国家和企业都投入大量的资金，背上了沉重的经济负担。同时，污染物一经排放到环境再进行治理，不但增加处理的难度，而且处理难以达到要求。这样，人们才认识到，在污染的源头把关，才是解决污染问题的最好办法。

清洁生产包括清洁的能源、清洁的生产过程和清洁的产品三方面的内容。对能源而言，就是采用各种方法对常规的能源采取清洁利用的方法，要提高能源利用效率，开发利用清洁的能源和可再生资源。对生产过程而言，清洁生产包括节约原材料，减少生产过程中可能产生的有毒、有害污染物，减少生产过程中的各种危险性因素，采用可靠和简单的生产操作和控制方法，对物料进行内部循环利用，完善生产管理，不断提高科学管理水平等。对产品而言，就是产品应具有合理的使用功能和使用寿命；产品本身及在使用过程中，对人体健康和生态环境不产生任何负面影响和危害；产品失去使用功能后，还要易于回收、再生等。

1998 碾 9 月在韩国首尔召开的联合国环境署第五届国际清洁生产高级研讨会上，通过了《国际清洁生产宣言》，这表明清洁生产已成为一种国际行动。

善待家园 SHANDAI JIAYUAN

产品失去功能之后要易于回收和再生

清洁生产自诞生以来，迅速发展成为国际环保的主流思想，有力推动了世界各国的环境保护。各国在清洁生产实践中还不断创新，新的清洁生产思想、新的清洁生产工具大量涌现，进一步推动了清洁生产的发展。目前，清洁生产已在我国化工、纺织、印染、造纸、石化等行业广泛展开，取得了显著的经济和环境效益。

清洁生产环境

小问题

你知道清洁生产吗？它有什么么优点呢？清洁生产包含哪些内容？

为什么要发展生态农业？

生态农业，简单地说，是指在保护、改善农业生态环境的前提下，从事高产量、高质量、高效益的农业生产活动。它以协调人与自然关系，强调农、林、牧、副、渔业的

生态农业

生态农业园

综合发展为基本原则，使整个农业生产步入可持续发展的良性循环轨道。

　　生态农业遵循自然规律和经济规律，运用传统农业种植经验，在农业生产中尽量利用自然过程，以最少的投入获得尽可能多的产出，并能使自然资源得到正常的更新，保持良好的生态环境。我国长江三角洲地区的桑基渔塘就是一个典型的生态农业。桑基渔塘是我国劳动人民在长期耕作过程中创造出来的一种科学方法，具体做法是：在鱼塘四周种桑，以桑养蚕，蚕沙喂鱼，鱼粪肥塘，塘泥肥桑地，形成一个良好的生态循环。

目前，我国农业化肥每年要使用4124万吨，按播种面积计算，平均每公顷化肥使用量达400千克，远远超过发达国家为防止化肥对水体造成污染而设置的225千克/公顷的安全上限。全国每年农药使用量达30多万吨，除30%～40%被农作物吸收外，大部分进入了水体和土壤及农产品，使全国1.4亿亩耕地遭受了不同程度的污染。蔬菜、水果中也不同程度存在着农药污染超标。

化学农药一旦进入环境，会造成严重的大气、水体及土壤的污染。久而久之，还会使得害虫产生一种抵抗这种毒性的反作用，成为抗农药的"超级害虫"。针对化学农药的种种弊端，人们已研制出一系列效率高、成本低、不污染环境、对人畜无害的生物农药。例如真菌杀虫剂白僵菌和绿僵菌，能防

在细菌农药中，目前使用最广泛的是苏云金杆菌，它能防除粮、棉、茶、果等150多种鳞翅目害虫，药效比化学农药提高55%。

除 400 种害虫。

　　生物农药不污染环境、对害虫天敌无害、对人体和家畜没有副作用，是实现生态农业的重要保证。

　　总的说来，生态农业追求三个效益（即经济效益、社会效益、生态效益）的高度统一，使整个农业生产步入可持续发展的良性循环轨道。把人类梦想的"青山、绿水、蓝天，生产出来的都是绿色食品"变为现实。

生态农业科技园出产的葡萄

美好的生态环境是人们的梦想

小问题

化学农药有哪些危害？什么是生物农药？它有什么优点？

你知道什么是"绿色电力"吗？

我们确实生活在一个高能耗的时代，汽车、彩电、冰箱、微波炉，等等，我们所能想到的一切可以用电、用油的东西都已成为了我们的日常用品。但随着"理想"的实现，人类对能源的需求越来越大，生存环境却遭到了前所未有的破坏……

"绿色电力"的概念就在这样的背景下诞生了。所谓"绿色电力"，就是利用特定

太阳能汽车

风力发电场

的发电设备，如风机、太阳能光伏电池等，将风能、太阳能等转化成电能。这种方式在发电过程中不产生或很少产生对环境有害的排放物，且不需消耗化石燃料，节省了有限的资源储备，相对于常规的火力发电，来自于可再生能源的电力更有利于环境保护和可持续发展，因此人们给它"绿色电力"的美誉。

"绿色电力"包括风力发电、太阳能光伏发电、地热发电、海浪潮汐发电、小水电等。作为可持续能源的重要组成部分，"绿色电力"恰好为我们提供了一个选择绿色能源消费的机会。

风力发电一直是世界上利用增长最快

SHAONIAN KEPU REDIAN

的能源，到 2007 年年初，全球风力发电机容量达 9.41 万兆瓦，风力发电的发展速度给人们很大的惊喜。2010 年，西班牙风力发电量首次超越德国，与德国、英国、法国和葡萄牙并称欧洲五大风能生产国。在亚洲的一些国家，近年来风力发电也取得较快发展。中国的风力发电还有待提高。目前，风力发电的主要成本在于发电装置的维护上，如果能够进一步降低维护成本，则风力发电将会发挥更大的潜力。

利用海浪发电是近年新兴的一种趋势。海洋中波浪冲击海岸时激起大量的浪花，冲击力巨大，其中蕴藏着极大的能量。据科学家估计，在 1 平方千米海面上产生的能量可以达到 20 万千瓦之多。由此计算，全球波浪

资料显示，我国拥有 10 亿千瓦可开发风能资源总量，风能资源储量居世界首位，商业化、规模化的潜力很大。我国内蒙古自治区可开发利用的风能储量占全国的 40%，居国内之首，全区年风能发电量已达 1.2 亿千瓦时左右。

太阳能草坪灯，白天太阳能充电，晚上发光

能的储量可能达到 25 亿千瓦。现在，沿海各国都十分重视利用这种能源作为发电动力。中国利用波浪发电的技术位于世界先进行列。

太阳能发电即通过太阳能电池来发电，太阳能电池是把光能直接转换成电能的一种半导体器件。太阳能发电不会给空气带来污染，不破坏生态，同时又具有来源丰富，并得到有规律补充的特点，是可再生的清洁绿色能源。太阳能发电早已得到世界各国的高度重视，在这方面的开发和应用都取得了极大的进展。中国的太阳能发电产业也在快速前行。目前，太阳能电池的主要问题在于光电转换率太低，如果能够大幅度提高，则我们日常的很多电器都可以采用太阳能供电，例如数码相机、手机、手提电脑晒晒太阳就可以工作了。

地热发电是地热利用的最重要方式。地热发电和火力发电的原理是一样的，都是利用蒸汽的热能在汽轮机中转变为机械能，然后带动发电机发电。所不同的是，地热发电不像火力发电那样要备有庞大的锅炉，也不需要消耗燃料，它所用的能源就是地热能。能源专家们认为，环保的地热发电将在今后有强劲的发展前景。有专家甚至估计，地热发电量在20年后将占世界总发电量的10%。中国地热资源丰富，地热发电前景广阔。

绿色电力还包括生物质能汽化发电和小水电等多种形式。随着现代生活方式的转变，选择绿色生活已成为一种时尚，一种必然。当绿色电力与传统电能交给你选择时，什么样的生活方式会更吸引你的目光呢？

选择绿色电力为生活添彩

小问题

什么是绿色电力？你会选择绿色电力吗？

你知道可利用的新能源有哪些吗？

我们知道，地球上矿物燃料的储量是有限的，而且由于人类无限制地开采，已渐趋于枯竭。而且，大量矿物能源的燃烧，还造成了大气污染，诱发温室效应和酸雨。因此，为了给子孙后代创造一个能源丰富、环境优美的地球家园，人们必须想办法寻找新能源。现在，人们的眼光落在太阳能、地热能、氢能、海洋能、核能以及生物质能等能源资源上。

秦山核电站

太阳能电池板

核能的发现和利用是 20 世纪的重大成就之一，专家认为它是人类最理想的能源。使用核能有耗费低、污染少、安全性强等优点，现在已作为一种可以大规模和集中利用的能源来代替矿物能源。核电站的原理是利用核聚变、核裂变反应所释放的巨大能量来产生电能。

1991 年 12 月 15 日，我国第一座核电站秦山核电站并网发电成功，每年向华东电网输电 17 亿千瓦时。随后又建成了大亚湾核电站。目前，核电已占我国发电总量的 1.49%。

生物质能是蕴藏在生物质中的能量，是绿色植物通过叶绿素将太阳能转化为化学能而贮存在生物质内部的能量。生物质能一直是人类赖以生存的重要能源，它是仅次于煤炭、石油和天然气而居于世界能源消费总量第四位的能源，在整个能源系统中占有重要地位。实际上，煤、石油和天然气等矿物能源也是由生物质能转变而来的。

生物质能是世界上最广泛的一种可再生能源。在我国农村到处可以看到许多生物质的废弃物，如人畜粪便、秸秆、杂草和不能食用的水果、蔬菜等。将这些废弃物收集起来，经过细菌发酵可以产生沼气，沼气具有很高的热值，因此可以用来充当燃料和照明。

海洋能包括潮汐能、波浪能、海流能、海水温差能和海水盐差能等，它是一种可再生的巨大能源。全世界海洋能的理论可再生总量约为766亿千瓦，现在技术上可以开发的起码有64亿千瓦。我国的海洋能也相当可

核能有两种：裂变核能和聚变核能。可开发的核裂变燃料资源可使用上千年，核聚变资源可使用几亿年。

风　　能

观，据估算可开发量约 4.6 亿千瓦。

　　太阳内部进行着由氢聚变成氦的原子核反应——核聚变过程，不停地释放出巨大的能量，并不断地向宇宙空间辐射，这就是太阳能。太阳内部的这种核聚变反应可以维持很长的时间，据估计约几十亿到上百亿年，相对于人类的生存进化而言，太阳能可以说是取之不尽，用之不竭的。

氢能有可能在 21 世纪世界能源舞台上成为一种举足轻重的清洁能源。氢是自然界存在最普遍的元素，据估计它构成了宇宙质量的 75%，除空气中含有氢气外，它主要以化合物的形态储存于水中，而水是地球上最广泛的物质。

氢能利用形式多，既可以通过燃烧产生热能，在热力发动机中产生机械功，又可以作为能源材料用于燃料电池，或转换成固态氢用作结构材料。用氢代替煤和石油，不需对现有的技术装备作重大的改造。因此，科学家认为，随着制氢技术的进步和储氢手

太阳能路灯

科学家们在不懈地寻找新能源

段的完善，氢能将在未来的能源舞台上大展风采。

人们寻找到了哪些可再生的能源？核能、生物质能有什么优点呢？

小问题

我们为什么呼唤太阳能时代?

近代以来的工业革命带来了巨大的社会进步，同时也极大地消耗了煤炭、石油等矿物资源。到 20 世纪 70 年代末，人们终于认识到，"矿物型世界经济"的弊端太大，它耗费了太多的不可再生资源，同时又使得人类生存环境质量下降，吃力不讨好。基于这样的共识，人们转而开发可再生能源，其中

太阳能灶

太阳能电池板

最主要的便是太阳能。

太阳能无污染，可持续利用，是 21 世纪最有竞争性的能源。各国政府积极地制定开发和利用太阳能的政策和计划，世界最大的石油企业也已将重点向太阳能转移，太阳能时代已经拉开它辉煌的大幕。

太阳是光明的象征，46 亿年来太阳一直照耀着地球，送来光，也送来热。将阳光聚焦，可以将光能转化为热能。传说阿基米德就曾经利用聚光镜反射阳光，烧毁了来犯的敌舰。在日照充足的地方，人们在生产和生活中已大量使用太阳能灶、太阳能热水器和干燥器，还用太阳能进行发电。

太阳能灶的原理很简单，用金属或其他材料制成类似镜面的装置，将阳光反射到某一焦点，就可以得到100℃以上的高温，这足够用来做饭、烧水或加热各种东西了。现在，专家又开发了镜面方向能够随着太阳的位置变化而自动调整的太阳能灶，太阳能的利用率更高了。大型的太阳能灶能够产生罕见的高温，现在世界上最大的抛物面型反射聚光器有9层楼高，总面积2500平方米，焦点温度高达4000℃，多数金属都可以被熔化。

太阳能热水器的构造要简单得多，因为

2010年7月8日，世界最大的太阳能飞机太阳驱动号成功完成首次试飞，创造了26小时9分钟的不间断飞行纪录，这也是太阳能飞机持续时间最长、飞行高度最高的世界纪录。

太阳能热水器

它不需要产生太高的温度。在多数情况下，可以将太阳能热水器的集热器制成箱式、蛇型管式、直管式、平板式或枕式，通过管道与水源和储水箱相连。利用太阳能供应浴室热水在我国北方比较常见。按照北京的气候条件，每年从 5 月起直到 10 月初，采光总面积 100 平方米的集热器加上 12 吨的水箱，可以从早到晚供应 300 人洗浴用的热水，既不用烧煤也不需要补充其他热源，水温高时还要添加冷水。如果推广使用，将会有效地节约北京市已经十分紧张的供电情况。

阳光也可以用来发电。比较常见的光电池是用半导体材料硅制成的硅电池，它能将

13%～20%的日光能转化为电能。许多电子计算器和其他小型电子仪器现在已经采用太阳能电池供电，人造卫星和宇宙飞船更是主要依靠太阳能电池来提供电力。

最大胆的设想是利用地球轨道卫星在太空中发电。由卫星组成的太阳能发电站可以在高空轨道上大面积聚集阳光，通过高性能的光电池转换成电能，然后通过微波发生器转换成微波并发回地面。地面的接收天线再把收到的微波整流并送往通向各地的电力网，供广大用户使用。

我国太阳能产业起步虽晚，但太阳能热水器在我国应用比较广泛；太阳能电池生产线在中国仍然处于初始阶段，由于价格昂贵，应用受到限制。到2020年，我国经济规模将比现在翻两番，而能源消耗却不能有同样的增长。能源专家说，除了全面实现节能目标外，我们必须仰仗光芒四射的太阳。我们可以乐观地设想，人类的未来将是一个太阳能时代的未来。

人类如何开发和利用太阳能？
你了解太阳能热水器吗？

小问题

为什么要珍惜纸张？

　　你可能并没有直接砍伐森林，但你是否想到，木材是造纸的主要原料，浪费纸张就等于浪费宝贵的森林资源，珍惜纸张就是在珍惜我们的森林资源！

　　我国是造纸大国，平均年造纸消耗木材1000万立方米，造成大片森林毁坏，同时生产纸浆排放的污水也使江河湖泊受到严重污染。如果能很好地回收废纸造纸，就会大

造 纸 车 间

　　我国是造纸大国，年造纸量仅次于美国、日本，居世界第三位。

大改变这种局面。

　　据测算，利用回收的废纸作为再生资源，可大大节省木材和化工原料。每回收利用 1 吨废纸可生产品质良好的再生纸 850 千克，节省木材 3 立方米，同时节水 100 立方米，节省化工原料 300 千克，节电 600 度，如果仅以一间工厂生产 2 万吨办公用再生纸估算，一年就可节省木材 6.6 万立方米，相当于保护 52 万棵大树，那是多么大的一片森林啊！

　　再生纸是以废纸做原料，将其打碎、去色制浆后，再通过高科技手段，经过筛选、除尘、过滤、净化等多种复杂工序加工生产出来的纸张。其原料的 80% 来源于回收的废纸，因而被誉为低能耗、轻污染的环保型用纸。

　　而且，再生纸制浆过程中对大气、水质等造成的环境污染比起一般纸张大大降低。

再生纸在制造过程中可以使废水排放量减少50％，尤其是可以省去造纸前期的几道工序，使污染大大减轻。

目前，国内一些出版社已向全国出版界发出了"用再生纸，出环保书"的倡议。出版业一直是用纸大户。据 2010 年的统计，每年全国出版图书期刊、报纸总印张约为 2935.41 亿印张，折合用纸量 679.11 万吨，其用量约占全国纸张生产总量的 1/10。因此，出辨人员有责任和义务，把出版与环保紧密结合在一起，出环保书刊，增强人们的绿色环保意识。而且，早在 1998 年由北京日报社主办的同心出版社就已经出版了北京

大量的废纸需要处理

珍惜纸张就是珍惜森林

市第一本用再生纸印制的书籍《儿童环保行为规范》。

小问题

为什么说珍惜纸张就是珍惜森林？你平常有浪费纸张的行为吗？你今后打算怎样做呢？

为什么不能乱丢废旧电池？

　　人们在电池"没电"之后，常常随手丢弃废旧电池。可是，废电池虽小，危害却很大。一粒钮扣电池能污染60万升水，这相当于一个人一生的用水量，而一节一号电池的溶出物就足以使1平方米的土壤丧失农用

镍氢电池

电池是谁最早发明的?

1800 年意大利科学家伏打（Volta）发明的"伏打电池"是世界上第一个电池。

价值。由于废电池污染不像垃圾污染那样可以凭感官感觉得到，具有很大的隐蔽性，所以一直没有得到应有的重视。目前，我国已成为电池生产和消费大国，废旧电池污染也已成为迫切需要解决的一个重大环境问题。

你们或许不知道，废电池有可能成为污染的祸根。电池中含有大量的重金属污染物汞（水银）、镉、铅等。当被随意丢弃，或者混在一般生活垃圾中堆放在自然界时，电池就会自然腐蚀，这些有毒物质便会慢慢从电池中溢出来，进入土壤或水源，再通过食物链进入人体，危害人们的健康。它们不但损害人体的神经系统、造血功能、肾脏和骨骼，有的还能够致癌。在 20 世纪 50～60 年代日本就曾发生震惊世界的"水俣病"和"痛痛病"环境公害事件，人们最终确定就是由于汞污染和镉污染造成的。

废电池污染

因此，废电池的回收也就显得十分重要。在西方发达国家，早就已经开始对废电池进行分类回收。在德国，政府设立了专门协调电池生产商、经销商与立法者之间的官方机构——德国电池回收协会。同时法律规定，消费者要将用完的干电池、纽扣电池等送交商店或废品回收站，这两个场所也必须无条件接收废旧电池，并转送处理厂家。消费者在购买具有毒性的镍镉电池和含汞电池时，押金是包含在价格里面的，把废旧电池送到废品站时，押金就能得到返还。

现在都提倡使用"绿色电池"。所谓绿色电池，就是符合环保要求的电池，目前最常用的是"镍氢电池"。这是近几年发展起来的一种新型碱性蓄电池，具有能量高、有益于环境保护和寿命长等优点。由于用储氢电极代替了传统电池中的镉电极，因此也就消除了金属镉带来的环境污染难题。镍氢电池的化学物质成分主要由镍和稀土元素组成。而我国稀土资源十分丰富，所以开发我国无污染的"绿色电池"大有前途。

为什么不能乱丢废旧电池？你使用过绿色电池吗？它有哪些优点呢？

小问题

你知道什么是生态建筑吗？

在人类全部能源消耗中，建筑耗能占据了 80%，而且现代建筑的发展中忽视能源消耗，比如装有玻璃幕墙表面的摩天大楼就是最典型的耗能建筑。夏季太阳辐射透过玻璃造成的室温升高完全要靠空调来降温，而冬

玻璃幕墙是典型的耗能建筑

超高层绿色生态建筑武汉清江大厦

季又透过玻璃向外界释放大量热量。生态建筑的出现正是国际建筑界对这些问题作出的积极反应。

所谓"生态建筑"，其实就是将建筑看成一个生态系统，通过设计建筑内外空间中的各种要素，使物质、能源在建筑生态系统内部有秩序地循环转换，获得一种高效、低耗、无废、无污、生态平衡的建筑环境。

许多国家，特别是一些发达国家对生态建筑非常感兴趣，逐渐回归大自然，日本、荷兰、英国、美国、瑞典等纷纷开展生态建筑计划。

早在20世纪80年代的时候，美国芝加哥就建成了一座雄伟壮观的生态大楼。楼内

生态建筑的评定

根据国际绿色建筑协会的定义，绿色生态建筑的评定包括能源、水、声、光、热、绿化、环境、绿色建材及废弃物处理等九大系统。

被植物包裹的建筑

没有砖墙，也没有板壁，而是在原来应设置墙壁的位置上移种植物，用植物墙把每个房间隔开，人们称之为"绿色墙"、"植物建筑"。人们生活在这种植物建筑里，每天都树木葱郁、绿草如茵，空气清新，景色宜人，仿佛置身于美丽的大自然中。

　　生态建筑与人们的生活密切相关，尤其是生态住宅更是如此。生态住宅力求自然、建筑和人三者之间的和谐统一。它利用自然条件和人工手段来创造一个有利于人们健康的舒适生活环境，又要控制对自然资源的使用，实现向自然索取与回报之间的平衡。

　　生态住宅首先要满足的是人的生活舒适

性，例如适宜的温度、湿度，充足的日照，良好的通风，以及无辐射、无污染的室内装饰材料等。其次，生态住宅还要与自然景观相融合，与大自然保持和谐的关系，尽可能减少对自然环境的负面影响，如减少有害气体、二氧化碳、固体垃圾等污染物的排放，减少对环境的破坏。

小问题

生态建筑的思想是谁最先提出来的？为什么说生态建筑是未来建筑发展的方向？

你知道纳米技术在治理污染方面的作用吗？

20世纪结束前的十多年，纳米技术诞生了。纳米是十亿分之一米的长度单位。把某些物质粉碎至纳米级，用于污染治理，可以取得理想的效果。

食品、造纸、印染、农药、化工、洗涤剂等高浓度有机废水的处理一直是个难题，不是无法达标排放，就是处理成本太高，企业难以承受。而且，还存在严重的二次污染问题。现在，采用纳米二氧化钛处理这类废

废水处理是一个现代化难题

纳米生活净水设备

水就可以收到较好的效果，它可以最大限度地吸附废水中的污染物质，并利用太阳光分解污染物质。

　　如今，煤和石油依然是人类主要的燃料，它们都含有一定比例的硫、氮及粉尘和其他杂质，如果燃烧不完全，这些杂质就会变成对环境和人体健康非常有害的二氧化硫、氮氧化物、碳氢化合物及可吸入颗粒物等。在燃烧煤和石油时添加纳米级的催化剂，不仅可以提高燃烧效率，而且可以使硫转化为固体硫化物，从而杜绝二氧化硫废气污染。在石油提炼时添加纳米脱硫催化剂，可使油品中的硫含量降低到万分之一以下。复合稀土纳米级粉末具有极强的氧化还原能力，可以彻底解决汽车尾气中的一氧化碳、碳氢化合物和氮氧化物的污染。

纳米技术还能向白色污染发起强有力的进攻。把可降解的淀粉与不可降解的塑料粉碎至纳米级后充分混合，可以制造出几乎完全降解的农用地膜、一次性餐具和各类包装材料。废弃后埋入地下，在90天内可以分解为二氧化碳、水和极其细微、对空气和土壤几乎无害的塑料颗粒，并在此后的一年半左右完全分解。

铅酸蓄电池是各国目前主要的动力装置之一，在交通运输、通信设施、车辆船舶以及部队装备等方面，广泛地使用着铅酸蓄电池。它的主要材料为铅、二氧化铅、硫酸和

纳米是一种长度单位，1纳米是1米的十亿分之一，相当于10个氢原子一个挨一个排起来的长度。假设一根头发的直径为0.05毫米，把它径向平均剖成5万根，每根的厚度即约为1纳米。

铅酸蓄电池的污染有望依靠纳米技术解决

塑料等。在这几种材料中，任何一种废弃物都会对人类的身体健康、生存环境造成危害。现在解决这一问题的一个主要研究方向，就是利用纳米技术来彻底解决铅酸蓄电池使用寿命短、容量下降快的致命缺陷。

此外，采用纳米技术生产的新型油漆，有机溶剂使用量小，挥发极少。服装因掺入了纳米级的抗辐射物质，可以阻挡95%的紫外线和电磁波辐射。纳米二氧化钛还能用来作为空气清洁剂，不仅能杀灭细菌，而且能降解细菌死亡时分解的有毒物质，还具有除臭作用。

综上所述，把纳米材料称之为人类生存环境空间的"清洁战士"是恰如其分的。目前，纳米技术正随着时代的脚步走进工农业的各个领域，走进我们千家万户，为我们人类的身体健康、生存环境做出贡献。

小问题

纳米技术在污染防治方面的重要作用表现在哪些方面？

我们能为环保做些什么？

　　世界卫生组织公布的有关资料显示：在全世界污染最严重的 50 个城市中，我国占了 30 个；在全世界污染排名前 10 位的城市中，我们占了一半以上。国家环保总局发布的消息称，我国环境污染恶化还在加重，仅大气污染每年就损失 1100 多亿元人民币。

　　这是一组令人心惊与心痛的数字。作为生活在这片土地上的每一个人，没有理由不为这严酷的现实而焦虑，因为这与我们现在的生活息息相关，更与我们的子孙后代能否在这片土地上继续生存下去密切相连。所以，我们要思考：从现在起，我们能为我们的社会、我们所处的城市与地区的环境保护做些什么？

　　首先，要保护好我们的空气。

　　在城市里，空气污染物主要来自我们对化石燃料的大量燃烧、对绿地和天然植被的破坏、对挥发性化学物的滥用等。对空气的净化公认的有效办法是以下四方面结合起来：①保护天然植被和人工栽种植被，营造

饥渴的耕地

城市和工矿区净化空气的肺；②全社会共同努力节约能源，把对化石燃料的消耗尽量降低；③给烟囱和汽车安装烟气和尾气净化装置；④开发无污染能源（如太阳能等）和无害于健康和环境的化工产品等。

　　其次，要保护好我们的淡水。

为保护地球上紧缺的淡水资源，国际环保城市的民众要从三方面做起：①节约用水、一水多用；②少用化学合成剂；③收集利用雨水。

"节约用水、一水多用"为的是珍惜使用淡水，同时也就减少了污水排放。在日常生活中，我们要把水龙头开得小一些，把用过但还比较干净的水留下来，擦地、冲厕所、浇花等。这样，我们生活中消耗的淡水量就会减少，排出的污水量也会减少。

"少用化学合成剂"的目的是：①保护水体的自净功能；②防止化学剂的毒素在淡水中积累，威胁饮用水的安全。家庭使用最多的化学品主要用于厕所消毒和厨

滴水灌溉技术能有效节约农业用水

1千瓦时电能为我们做什么？

①可用吸尘器将房间清扫5遍；②可将一枚25瓦的灯泡点亮40个小时；③可供一台家用电冰箱运转36个小时；④可供一台普通电扇连续运行15个小时；⑤可供一台空调器运行1.5个小时；⑥可将8千克的水烧开。

房清洁。这些化学品往往对微生物有很强的杀伤作用。它们从下水道流入河水或湖泊之中，会杀死水中的生物，使水体的自净能力丧失，水中的毒素就会积累起来。因此，在洗涤用品市场上，选用具有环保标志的清洗剂很重要。

"收集利用雨水"是主动增加淡水资源的做法。目前在欧洲的家庭节水行动中十分盛行。我们可以用雨水来浇灌花园、擦洗车辆、做清洁和冲厕所，等等。这样就大大减少了家庭对可饮用水的浪费。

再次。要保护好我们的土地。

当前处理垃圾的国际潮流是动员民众尽量从三方面努力：①减少浪费；②物尽其用；

③废物回收。当全社会的消费者都这样去做的话，扔掉的废物就会减少。当塑料、纸张、金属和玻璃都得到有效的回收之后，生活垃圾中剩下的主要就是可以堆肥的有机垃圾了。通过回收利用和堆肥，生活垃圾量可以减少80%～90%。由此大大降低了垃圾对土地污染的威胁。

有效地处理垃圾，可以节约大量土地

人类期待环境保护的丰硕果实

小问题

我们日常生活中可以从哪些方面做到环境保护？你打算这样做吗？

为什么说可持续发展是人类的未来?

　　地球是人类美好的家园，拥有清澈的天空、蔚蓝的海洋、丰富多彩的动植物王国以及取之不尽的能源。然而，由于人类无节制地索取，在发展过程中没有优先考虑保护和循环利用自然资源，地球的资源正在快速地耗竭着，地球的生态正在遭受着痛苦的折磨，这一切，终将危及人类的未来。人类必须对自身的发展模式进行反省和予以根本改进。

淡水资源是人类生存的根本之一

生态工业园区

1972 年，在斯德哥尔摩举行了联合国人类环境研讨会，在这次研讨会上，来自全球的工业化和发展中国家的代表，共同界定人类在缔造一个健康和富有生机的环境上所享有的权利。从此之后，各国致力于界定一个含意全面的"可持续发展"概念。

1981 年，美国布朗出版了《建设一个可持续发展的社会》，提出以控制人口增长、保护资源基础和开发再生能源来实现可持续发展；1987 年，世界环境与发展委员会出版《我们共同的未来》报告；1992 年 6 月，联合国在里约热内卢召开的"环境与发展大会"通过了以可持续发展为核心的《里约环境与发展宣言》《21 世纪议程》等文件。

可持续发展涉及环境、自然、经济、社会、科技、政治等很多方面，它秉承公平性、可持续性、和谐性、需求性、高效性、阶跃性六大原则。

可持续发展要求公正性，从横向讲，人类在发展自身的同时，不应威胁到其他物种的生存，保护地球生态和环境的健康，各国在发展自身的同时不应以牺牲他国为代价。从纵向上讲，它要求通过发展既满足当代人的需求，又不对子孙后代的发展造成危害。

可持续发展要求循环利用资源。过去的经济增长实际上是对自然资源的挥霍浪费。人们只关注经济效益，却不关心资源利用率，很多资源被白白浪费了。有专家计算，在20世纪末，人类每生产一卡车的商品，就要生产六卡车的垃圾，且大多是不能循环利用的。各国之间的经济发展竞争，也成了向地球抢夺资源的恶性比赛。地球就算有再

宁静的牧场，也是温室气体的排放源之一

多的资源，也会有耗竭的一天。

为了改变这种情况，人类必须营造经济发展的生态模式。在生产过程中，我们要建立一种少废料、无废料的封闭循环的技术系统，实现资源循环利用。不只是工业要生态化，节能减排，农业也要生态化。在经济运行模式中，把环境成本考虑进来，促使所有

人类应该与其他物种和谐相处

保护生态，我们的孩子才能看到这些可爱的企鹅

的经济活动能够与环境友好。

　　大众也需要改变自身的消费模式，使其生态化，尽量减少无谓的浪费，例如尽量少用一次性产品，提倡健康饮食。根据美国的统计，美国人至少 50% 的癌症发病是因为滥用食物，尤其是那些深加工的高脂肪食品。试想，人类生产这些食品，消耗了资源和能源，排放了污染，最终竟然还威胁了人类自身的健康，可以说是做了对自然和人都有害的傻事。

　　可持续发展是人类摆脱贫穷，摆脱人口、资源困境的正确选择。人类需要充分认识到自身是地球生物的成员之一，及时调整人与自然的关系。人类所需要的，不是征服

少年科普热点

可持续发展在中国

2012 年 6 月 1 日，中国发布《中华人民共和国可持续发展国家报告》，报告对中国推进可持续发展经济、社会、环境建设进行了详细阐述，包括经济结构调整、发展方式转变、人的发展、社会进步、资源可持续利用、生态环境保护与应对气候变化等方面的内容。中国未来将从转变经济发展方式、建立资源节约型和环境友好型社会、保障和改善民生、推动科技创新和深化体制改革、扩大对外开放合作等五方面着手，继续实施可持续发展战略。

自然，而是与自然共处，协调发展。人类所需要的发展，也不是单纯的物质丰富，更应该是精神与物质双丰收、泽及子孙后代的长久之道。

发展新能源是可持续发展的重要工作

你知道什么是可持续发展吗？可持续发展对生态环境有哪些影响？

图书在版编目（CIP）数据

善待家园/中国科学技术协会青少年科技中心组织编写 . -- 北京：
科学普及出版社 , 2013.6（2019.10重印）

（少年科普热点）

ISBN 978-7-110-07923-2

I. ①善⋯　II. ①中⋯　III. ①环境保护 – 少年读物　IV. ① X-49

中国版本图书馆 CIP 数据核字（2012）第 268445 号

科学普及出版社出版

北京市海淀区中关村南大街 16 号　邮编：100081

电话：010-62173865　传真：010-62173081

http://www.cspbooks.com.cn

中国科学技术出版社有限公司发行部发行

山东华鑫天成印刷有限公司印刷

※

开本：630 毫米 × 870 毫米　1/ 16　印张：14　字数：220 千字

2013 年 6 月第 1 版　2019 年 10 月第 2 次印刷

ISBN 978-7-110-07923-2/G・3331

印数：10001—30000　定价：15.00 元